上海城市发展战略问题规划研究 2024

上海市城市规划设计研究院　编著

上海科学技术出版社

《上海城市发展战略问题规划研究 2024》编委会

顾问　孙继伟　伍　江　唐子来

编委会主任　熊　健

编委会委员　赵宝静　刘庆祥　张　逸　骆　悰　蔡秀武

主编　熊　健

副主编　张　逸　骆　悰

统稿人　熊　健　张　逸　骆　悰　奚东帆　訾海波　邹　玉　陈　洋　杜凤姣　魏　林　何　颖

执笔人（按姓氏笔画为序）　丁　一　马士江　王　波　王佳宁　王周杨　王雅妮　卢　柯　卢弘旻　申　旸　邢　星　朱春节　刘　龙　刘　涛　孙姗珊　苏　日　杜凤姣　李　强　李梦芸　时　寅　吴秋晴　邹　玉　沈海洲　宋　煜　宋少飞　张天然　张敏清　张蓓蓉　陆　远　陆圆圆　陈　星　陈　洋　陈　琳　陈　鹏　陈晟頔　林　华　金　昱　金伊婕　周　星　居晓婷　姜紫莹　钱　昊　徐　璐　徐国强　奚东帆　崔以晴　阎力婷　琚立宁　傅庆玲　谢湘雅　訾海波

序

2023 年是全面贯彻党的二十大精神的开局之年，也是改革开放 45 周年。年底，习近平总书记亲临上海考察指导，对新征程上上海发展作出新的战略擘画。2024 年党的二十届三中全会擘画了进一步全面深化改革、推进中国式现代化的宏伟蓝图。当前，经济全球化正步入一个慢速动荡的新阶段，全球城市均面临经济发展动力不足、社会结构深刻变化、灾害风险复杂多样等挑战。面对严峻复杂的国际形势，上海发展的“危”与“机”并存。城市规划需要准确把握市委、市政府的总体谋划，始终强化国际视野、高点站位，坚持“四个放在”，与国际标杆城市对标对表。加强总规统领和资源统筹，聚焦建设“五个中心”的重要使命，强化系统谋划、开拓创新，以高水平规划服务超大城市高质量发展。

上海市城市规划设计研究院必须以上海这座城市的发展为己任，发挥好作为规划领域重要智库的作用。以“干字当头、奋力一跳”的精气神，面对上海参与全球城市合作与竞争中的一系列问题，攻坚克难，不断创新规划理念；以笃实求真的作风和久久为功的韧性，持续研究全球城市发展趋势和上海的实践探索，全力投入到上海这座城市建设的伟大实践和进程中。

《上海城市发展战略问题规划研究》（以下简称《战略问题研究》）作为我院科研成果之一，围绕市委、市政府对年度工作的总体要求和重点任务，以及市规划和自然资源局的重点工作部署，增强规划研究的战略性、全局性和前瞻性，准确把握城市发展规律和城市运行底层逻辑，引领空间转型，不断提升超大城市空间治理水平。《战略问题研究》目前编制完成了 2023 年和 2024 年两个年度报告，作为我院系统推进智库建设的重要成果之一对外发布。2024 年度的《战略问题研究》持续关注新一轮经济竞争机遇期，满足多元人口需求，应对气候变化与多元风险，加快城市数字化转型和提升空间治理韧性水平，聚焦消费中心城市建设、东方枢纽带动能力、杭州湾跨海通道、国际文化大都市建设、城市更新可持续发展新模式、新市民融入、生物友好型城市、防灾减灾体系、应急物流体系、韧性社区、数字城市、跨界城镇圈协同治理等 12 个年度重要议题展开。

2024 年度报告延续了“院领导领衔、多学科跨界合作、专家全过程指导”的组织模式。我们要感谢周振华、张道根、孙继伟、伍江、杨东援、唐子来、诸大建、赵民、张松、黄建中、胡凡、葛寅、王丹、屠启宇、沈桂龙等专家对本报告的慷慨指导和悉心帮助。研究报告承载着我们对城市发展规律的洞察，寄托着我们对上海美好未来的憧憬。报告的结论希望能引发社会各界的共同关注和讨论，为上海城市更高质量发展做出应有的贡献。

张帆

上海市城市规划设计研究院院长、教授级高级工程师

前 言

当前，世界之变、时代之变、历史之变正以前所未有的方式展开，世界进入新的动荡变革期。2023 年是全面贯彻党的二十大精神的开局之年，也是改革开放 45 周年，我国正在以中国式现代化全面推进强国建设、民族复兴伟业。踏上新征程，上海始终胸怀“国之大者”，坚持“四个放在”，自觉担负起国家赋予的重大使命任务，继续当好改革开放排头兵、创新发展先行者，在持续增强“四大功能”中带动“五个中心”全面升级，奋力开创建设具有世界影响力的社会主义现代化国际大都市新局面，在推进中国式现代化中充分发挥龙头带动和示范引领作用。但同时，上海面临着有效需求仍显不足、经济持续恢复的基础仍需巩固、创新发展动能还不够强、生态环境质量仍需持续提升、公共服务不均衡不充分、城乡融合发展格局还有待进一步完善等问题。

2023 年 11 月，习近平总书记亲临上海考察指导，对新征程上上海工作提出新的更高要求，对上海发展作出新的战略擘画，为推动长三角一体化发展取得新的重大突破指明了前进方向。上海正加快将习近平总书记指示持之以恒细化为施工图、转化为实景画，着力放大国家重大战略叠加效应，推动“五个中心”联动发展，加快提升城市能级和核心竞争力，奋

力展现中国式现代化建设的新气象，为建设中华民族现代文明作出新贡献。持续深化人民城市建设，坚持在发展中保障和改善民生，把最好的资源留给人民、用优质的供给服务人民。落实美丽中国建设要求，持续提高城市治理现代化水平，推进城市数字化和绿色低碳转型，增强应对风险冲击的抵御能力和恢复能力。

本报告基于对强化城市功能战略指引、城市现代化发展方向的认识，聚焦“五个中心”建设和长三角区域发展，坚持问题导向，秉持国际视野，突出前瞻引领，持续探索中国式现代化的上海方案。一是聚焦经济恢复、城市更新、城市软实力和韧性水平提升等当前重点任务，加快强优势、补短板；二是响应包容性发展、生物多样性保护、气候变化应对等全球城市发展趋势，探索战略实施路径；三是关注美丽中国建设、区域协调发展、数字城市等发展热点，寻求空间应对和政策引导。围绕创新之城、人文之城和生态之城三大目标维度，研究谋划今后一个时期的战略举措，以期为加快建成具有世界影响力的社会主义现代化国际大都市提供决策参考。

作　者

目录

CONTENTS

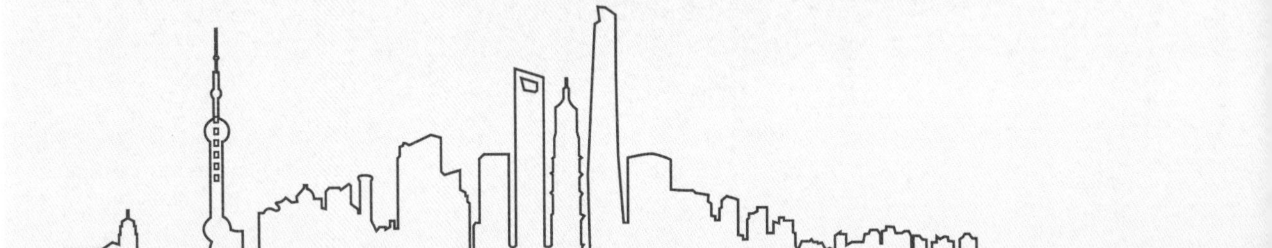

INTRODUCTION

绪论

当今世界，百年未有之大变局加速演进，新一轮科技革命和产业变革深入发展，国际政治经济格局深刻调整。在全面贯彻党的二十大精神的开局之年，习近平总书记亲临上海考察指导，对新征程上上海发展做出新的战略擘画，从党和国家事业全局的高度，进一步阐明了事关上海发展战略性、全局性、方向性的重大问题，提出一系列新定位新论断新要求新任务。十二届市委四次全会强调，要把建设“五个中心”作为重要使命，要把改革开放作为动力源泉，要把发展为民作为根本目的，要把文化文脉作为精神支柱，要把长三角一体化发展作为必然要求，要把党的建设作为根本保证。

新征程上，习近平总书记要求上海继续当好改革开放排头兵、创新发展先行者。为加快建成具有世界影响力的社会主义现代化国际大都市，在推进中国式现代化中充分发挥龙头带动和示范引领作用，需要始终以城市总规为统领，面向国际、立足全局，清醒把握上海所处的世界方位、时代方位，动态监测城市生命体、有机体的运行体征，系统研判城市发展的问题挑战与趋势导向，坚定保持战略定力，准确识变、科学应变、主动求变。

一、国内外发展背景

（一）国内政策导向

2023 年，国务院政府工作报告和上海市政府工作报告都明确了“稳字当头、稳中求进”工作总基调，强调要保持政策连续性、稳定性和针对性，以应对战略机遇和风险挑战并存、不确定难预料因素增多的外部环境，要完整、准确、全面贯彻新发展理念，加快构建新发展格局，着力推动高质量发展。

更好统筹国内国际两个大局，加快构建“双循环”新发展格局，推动高质量发展取得新进展。一方面，要把实施扩大内需战略同深化供给侧结构性改革有机结合起来，增强国内大循环动力和可靠性，加快科技自立自强步伐，加快建设现代化产业体系，全面推进城乡、区域协调发展，实施城市更新行动，提高国内大循环的覆盖面。另一方面，要进一步深化改革开放，更大力度吸引和利用外资，优化区域开放布局，实施自由贸易试验区提升战略，增强国内外大循环的动力和活力。上海要主动应变局、育新机、开新局，在持续增强“四大功能”中带动“五个中心”全面升级，深入实施“三大任务”，深化高水平改革开放，促进内外需协调发展，努力成为国内大循环的中心节点和国内国际双循环的战略链接。

更好统筹民生供给与人民需求，持续发展社会事业，创造高品质生活新典范。

强化基本公共服务，兜牢民生底线，加强住房保障体系建设，深化医药卫生体制改革，实施积极应对人口老龄化国家战略，繁荣发展文化事业和产业，让现代化建设成果更多更公平惠及全体人民，满足各类人群全周期、多层次的生活服务需求。上海要强化养老托幼服务和社会保障，深入推进健康上海建设，进一步改善市民居住条件，推进城中村改造和保障性住房规划建设；加快建设公共文化服务高质量发展先行区，传承城市历史文脉，实施重大文化产业项目带动战略，推进文化和旅游深度融合发展，着力弘扬城市精神品格，提升国际文化大都市软实力。

更好统筹发展和安全，促进发展方式绿色转型，建设安全韧性城市，全面推进美丽中国建设，开创超大城市高效能治理新局面。以高品质生态环境支撑高质量发展，在全面绿色转型中增强竞争力和持续性，深入推进环境污染防治，加快建设新型能源体系，发展循环经济，推进资源节约集约利用，加快数字化绿色化协同转型。以新安全格局保障新发展格局，调整优化稳就业政策，切实保障粮食和重要农产品稳定安全供给，有效防范化解重大风险，筑牢城市安全屏障。上海要着力推动绿色低碳转型，深入打好污染防治攻坚战，建设绿色生态空间；守牢城市安全底线，加快“平急两用”公共基础设施建设，不断提升对各类风险预警防范化解的能力，增强社会治理效能，深化城市精细化管理，以新发展理念引领城市发展规划、建设标准、管理要求，不断提高超大城市治理现代化水平。

（二）国际趋势热点

当前，世界经济复苏困难重重，高通胀持续推高生产生活成本；气候变化转折年业已到来，全球城市正面临严峻韧性挑战；国际政治格局动荡叠加疫情风险，全球生产生活资源链条加速重构；第四次工业革命进入关键突破期，新技术深刻影响城市竞争赛道抉择。在此复杂综合的发展趋势下，顶尖全球城市的规划建设既呈现出在已有路线上继续前行的惯性，又在当前的局势助推下不断强化优势发力点。

1. 持续趋势

加速气候行动、加快经济复苏、加强包容性发展是全球超大城市的共通趋势。

为应对气候变化带来的更频繁和更剧烈的极端气候事件，超大城市不断加强对气候风险的综合研判及系统应对。兼顾长期战略和应急行动两方面，加快气候目标的传导实施和行动落地，持续拓展各领域碳减排行动的广度和深度，并更加重视向气候正义社会的转型。

为应对全球通胀和世纪疫情的长尾效应，纽约、伦敦等城市正在采取系统性的经济复苏战略。在布局新经济领域的同时，更加注重保持经济系统的多元性和经济增长的公平性，支持中小企业发展，扶持文化创意经济发展，加强可负担文化空间保障。

为加强民生托底并持续吸引创新人才，通过人文主义导向的城市更新，继续“升级”城市的包容能力。全维度细致入微地保障弱势群体的基本生存与发展权利，努力消除生活服务、就业保障、社会融入、心理支持等各个维度的不平等现象，鼓励更多样规格和类型的住房单元供应，营造人人共享的公共空间。

2. 新兴热点

近年来，生活生产服务的就近布局、技术驱动下的新生活方式、虚实融合的元宇宙城市不断累积成势，成为不容忽视的新兴热点。

随着逆全球化思潮抬头、地缘政治格局日益紧张，全球城市正积极建立就近化、本地化的清洁能源与物料供应体系、农业与食物系统、公共服务系统。在不断增强城市巨型生态系统“自给自足”能力和抗风险能力的同时，也让市民重新找回“附近”的日常生活。

数字技术的快速进步正在改变人们的日常生活方式，疫情成为这一转变的“催化剂”。灵活办公成为不可逆转的趋势，推动城市职住空间结构重塑，城市传统就业中心和商务区面临活力下降的挑战。同时，满足人们随时随地工作和面对面交流双重需求的新兴工作场所逐渐涌现，居职混合空间正成为传统就业中心和居住区的共同转型选择。

“虚实融合”已成为人们对未来生活时空的一致判断，诸多全球城市正在积极发展以虚拟融合技术为代表的元宇宙产业。加快元宇宙应用场景，建设城市型、园区型、社区型城市实验室，注重数字包容性建设和人性化服务，加速城市空间治理模式的全面数字化转型。

二、上海城市年度运行总体情况

（一）城市建设重要事件

始终坚持“四个放在”，以国家重大战略为牵引，推动改革开放向纵深发展。2023 年是长三角一体化发展上升为国家战略五周年，习近平总书记主持召开深入推进长三角一体化发展座谈会并要求，推动长三角一体化发展取得新的重大突破，在中国式现代化中更好发挥引领示范作用。《长三角生态绿色一体化发展示范区国土空间总体规划（2021—2035 年）》正式实施，成为首部经国务院批准的跨行政区国土空间规划。浦东社会主义现代化建设引领区高起点推进，上海自贸试验区迎来设立10周年，临港新片区以“五自由一便利”为核心的制度型开放体系基本形成。国家发展改革委印发《关于推动虹桥国际开放枢纽进一步提升能级的若干政策措施》，助力虹桥国际开放枢纽建设。第六届中国国际进口博览会成功举办。上海在全面深化改革、扩大高水平对外开放中的“风向标”作用更加彰显。

持续聚焦“五个中心”和“四大功能”，不断提升城市能级和核心竞争力，着力推动高质量发展。陆续发布《提升上海航运服务业能级 助力国际航运中心建设行动方案》《上海市推动制造业高质量发展三年行动计划（2023—2025年）》《关于推进张江高新区改革创新发展建设世界领先科技园区的若干意见》等政策文件，召开推进上海国际金融中心建设领导小组会议、第15届浦江创新论坛、2023世界人工智能大会、上海市生态环境保护大会、上海大都市国际咨询会等。

全面践行人民城市重要理念，坚持在发展中保障和改善民生，持续提升人民生活品质。世界技能博物馆、徐家汇体育公园、浦东足球场、上海自行车馆等一批重大文体设施相继建成开放，上海博物馆东馆、上海大歌剧院等有序推进建设。“一江一河”两岸公共空间品质加速提升，新亮点持续展现。颁布《关于深化实施城市更新行动加快推动高质量发展的意见》，深入落实本市城市更新三年行动计划，开展城市更新单元试点工作，持续推进“两旧一村”改造。为满足新市民和青年人的住房需求，加快保障性租赁住房建设。聚焦解决群众“急难愁盼”的问题，在全市层面全面推进“15分钟社区生活圈”行动。

（二）年度综合运行状况

1. 总体情况

2023年，上海在各项全球城市榜单中保持在第二方阵，但在宜居水平、安全韧性等方面与顶级全球城市仍有差距。城市各项指标除个别受疫情影响出现明显波动外，整体运行状况良好。“四大功能”不断强化，“五个中心”能级持续提升。全市经济保持恢复性增长态势，体现了较强的韧性和活力。但经济持续恢复发展的基础尚不稳固，面临的挑战和压力明显加大。城市活力和就业吸引力需要持续关注，文化内涵还需进一步挖掘和提升，安全挑战的应对能力还需强化。随着资源环境约束日益趋紧，上海城市建设已进入以更新为主的新阶段。

一是上海在全球城市网络排名保持第二方阵，全市经济保持恢复性增长态势，但持续回升向好的基础仍需巩固。2022年，上海在世界城市排名（GaWC）中保持第5位。2023年全球城市实力指数（GPCI）从第10位下降到第15位。在宜居性、人才竞争力等方面与顶级全球城市仍存在差距（见附录）。全市经济整体呈现持续恢复、回升向好态势。2022 年全市地区生产总值（GDP）达到 4.47 万亿元，人均地区生产总值超 18 万元，达到发达经济体中等水平。2023 年前三季度，实现地区生产总值 3.3 万亿元，按可比价格计算，同比增长 6%。居民人均可支配收入达到 7.96 万元，位居全国城市首位。“十四五”以来，外部形势变化远超预期，逆全球化倾向拖累全球经济复苏。全市经济恢复呈现波浪式发展、曲折式前进过程。传统产业受疫情影响持续显现，新兴动能支撑仍显不足。利用外资增速出现下降态势，外贸出口下行压力加大。

二是全市常住人口出现下降，中心城各区人口下降幅度大，可能会对城市活力和就业吸引力带来影响。2022 年底，全市常住人口 2 475.89 万人，比 2021 年底减少 13.54 万人，是自 2000 年以来人口规模减少最多的一年。其中，外来常住人口比上年减少 25.73 万人，已经连续两年下降。2022 年上海人口最主要的净迁出地是合肥、重庆、杭州、成都等二线城市。2020—2022 年，中心城各区人口下降幅度大，尤其是黄浦区人口减少 15.4 万人，下降幅度超过 23%（见图 0-1）。2022 年上海就业人口比重[1]有所下降，从 2020 年 52.4% 下降到 51.3%。根据百度大数据统计，2022 年全市就业人口相比 2021 年下降了 23 万。

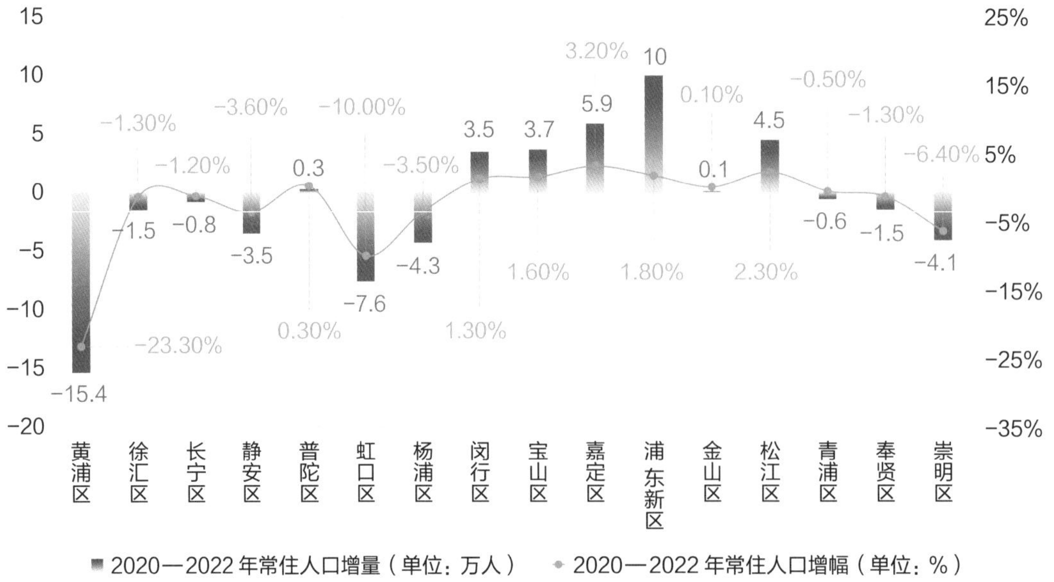

图 0-1　2020—2022 年各区常住人口变化情况示意图

（数据来源：2020—2023 年《上海统计年鉴》）

[1] 根据《上海统计年鉴》，就业人口比重指 15 岁及以上的就业人口占全部常住人口的比重。

专栏：2022 年上海常住人口变化和迁入迁出情况

2022 年我国一线城市人口规模普遍下滑，二线城市增量可观。上海、北京、深圳、广州常住人口分别下降 13.54 万人、4.3 万人、1.98 万人、7.65 万人，其中，深圳是建市以来常住人口首次下降。而其余 13 个千万人口城市中，除天津、东莞、临沂外，全部实现常住人口正增长，增量“五强”城市依次为长沙、杭州、西安、武汉和郑州。

2022 年上海市常住人口下降 13.54 万人，是全国人口下降最多的城市。根据百度大数据初步测算，上海人口最主要的净迁出地包括二线城市中的合肥、重庆、杭州、成都，以及三四线城市中的阜阳、周口、信阳、商丘、芜湖、淮南、盐城、六安等。

一线城市内部的人口横向流动中，上海仍呈现出相对较强的吸引力，对北京、深圳均保持人口净迁入状态。

三是土地资源紧约束态势不改，上海城市建设已进入以更新为主的新阶段。截至 2023 年第一季度，全市现状建设用地总规模约为 3 112.5 平方千米，距离 3 200 平方公里的规划目标，未来净增规模仅为 87.5 平方千米。全市单位建设用地地区生产总值（GDP）产出逐年提高，2022 年约为 14.4 亿元 / 平方千米，但与深圳（2022 年约 31.4 亿元 / 平方千米）、香港（2022 年约 89.9 亿元 / 平方千米）等城市的差距尚未拉近。2020 年以来，主城区建设用地总规模基本保持不变，全市供应土地来自存量的比例从 43% 提高到 54%。上海作为超大城市亟需转变发展方式，进一步探索完善城市更新模式。

2. 创新之城：“四大功能”不断强化，“五个中心”能级持续提升，而国际科技创新中心建设的重要性和急迫性进一步凸显

一是国际经济中心综合实力持续增强，但经济稳增长压力持续加大。2021 年，全口径工业增加值首次突破 1 万亿元，全口径工业总产值首次突破 4 万亿元。但受疫情影响持续显现，规上工业恢复较慢，两年平均增速不到 1%。2023 年前三季度，全市规模以上工业总产值 2.9 万亿元，低于苏州市的 3.2 万亿元。生产性服务业持续向“专业化 + 高端化”拓展，但数字经济核心产业、信息服务业、科技服务业等相比标杆省市仍有差距。国际消费中心城市建设全面推动，累计引入 2 151 家首店，社会消费品零售总额达到 1.6 万亿元，规模居中心城市首位，但也存在居民收入增速放缓、消费信心不足等问题。2022 年上海常住居民人均可支配收入同比仅增长 2.0%，低于 2016—2021 年的平均增长 7.5%。

二是金融中心地位需进一步夯实。上海在全球金融中心指数（GFCI）排名 2020 年第 3 位，2022 年第 6 位，2023 年继续回落至第 7 位。金融企业集聚能级和全球服务辐射能级尚存在差距，外资银行资产在上海的占比仅 10% 左右，远低于纽约（20%）和伦敦（50%）的占比。尤其是全球前 50 位的资管机构暂无一家在上海设立总部，对比纽约（10 家）和伦敦（6 家）还存在较大差距。

三是国际贸易中心枢纽功能全面提高，但在总部型机构能级上仍有差距。2022 年，口岸贸易总额达到 10.4 万亿元，占全球比重提高到 3.6% 左右，保持世界城市首位。截至 2023 年上半年，跨国公司地区总部和外资研发中心累计分别达到 922 家、544 家，符合“十四五”发展预期。但上海跨国公司地区总部中大中华区及以上级别占比仅为 21%。相比较，新加坡拥有超过 4 200 家、香港超过 1 400 家跨国公司地区总部，且大部分为亚太总部或全球总部，上海跨国公司总部规模和级别均有待提升。

四是国际航运中心深入建设，但航空功能和国际竞争力有待恢复。2023 年，上海港集装箱吞吐量突破 4 900 万标箱，连续 14 年位居世界第一，上海国际航运中心排名稳居全球前三。但高端航运服务短板依然存在，航运金融交易规模占比不足全球的 1%，国际海事仲裁量不到伦敦的 5% 和新加坡的一半。受疫情和国际经济形势等因素影响，上海的航空旅客吞吐量和国际客流比例尚未恢复到 2019 年水平。

五是国际科创中心策源功能稳步提升，但成果转化和创新人才集聚与伦敦、北京等城市差距明显。全市战略科技力量不断增强，已建和在建的国家重大科技基础设施达 15 个，3 家在沪国家实验室全部挂牌运行，2 家国家实验室基地获批，但在科技成果转化和创新人才集聚方面距离国内外先进城市有较大差距。2022 年上海有效发明专利产出 20.2 万件，低于北京的 47.77 万件和深圳的 21 万件。近年来上海累计孵化毕业企业仅为深圳的 1/2 和北京的 1/7。2022 年全球人才竞争力指数（GTCI）中上海排名 83 位（共 155 个城市），相比 2020 年下降了 51 位。在澳大利亚 2thinknow 研究机构发布的以文化资产、人力设施和市场联通为主要测度指标的创新城市指数中，2022—2023 年上海排名从 2016 年的第 32 位下降到第 46 位。

3. 人文之城：各类各级公共服务设施建设有序推进，但文化内涵还需进一步挖掘和提升，公共服务不均衡不充分问题依然存在

一是国际文化大都市有序推进，但文化内涵还需进一步挖掘和提升。高等级文体设施建设有序推进，一批家门口的演艺新空间、人文新景观和休闲好去处陆续建成。但在全球城市实力指数（GPCI）的文化与交流维度[2]，2015 年至 2022 年上海

[2] 文化与交流维度测度包括引领潮流的潜力（国际会议数量、文化活动数量等）、旅游资源（旅游景点、靠近世界遗产地、夜生活的选择等）、文化设施（剧院数量、博物馆数量等）、旅游设施（酒店客房数量、购物选择的吸引力等）、国际互动（外国居民数量、外国游客数量等）。

的排名有所下降，从第 16 位下降至第 24 位，其中旅游资源、文化设施等表现较好，受疫情影响，国际互动（外国居民数量、外国游客数量等）和引领潮流的潜力等方面表现较差。上海城市发展对于把文化文脉作为精神支柱的认识还不足，文化影响力和吸引力作用的发挥还不充分，文化软实力亟需提升。

二是社区公共服务设施 15 分钟覆盖率持续提升，但应对市民的多元需求仍需不断提升设施的精准化配置。2023 年市政府召开了全面推进“15 分钟社区生活圈”行动部署会，推动“15 分钟社区生活圈”建设由规划向行动转型。全市社区级公共服务设施 15 分钟覆盖率超过 80%，但不均衡不充分问题依然存在。以养老设施为例，总体布局与老年人口分布仍不相匹配：中心城部分街道老年人与养老床位的比值远超全市平均值；而郊区既有养老服务机构还存在资源闲置、利用率不高等问题，如崇明区养老机构平均入住率仅 43.8%，区级养老机构入住率更是低至 18.1%[3]。同时调查显示，市民对于失能失智老人的护理床位和条件较好的双人间床位的需求矛盾更加突出。

三是可负担、可持续、高品质的住房体系稳步构建，但保障性住房与社会需求之间的匹配度仍待提升。上海逐步构建了“一张床、一间房、一套房”多层次保障性租赁住房供应体系。2016—2023 年全市新增保障性住房共约 80 万套（间），已经完成 2035 年规划目标总量的 80%。但保障性租赁住房的布局与就业岗位、轨道交通站点的空间匹配度不高，产品结构与新市民、青年人、关键岗位从业者等主要受众群体的需求匹配度也不高（见图 0-2）。

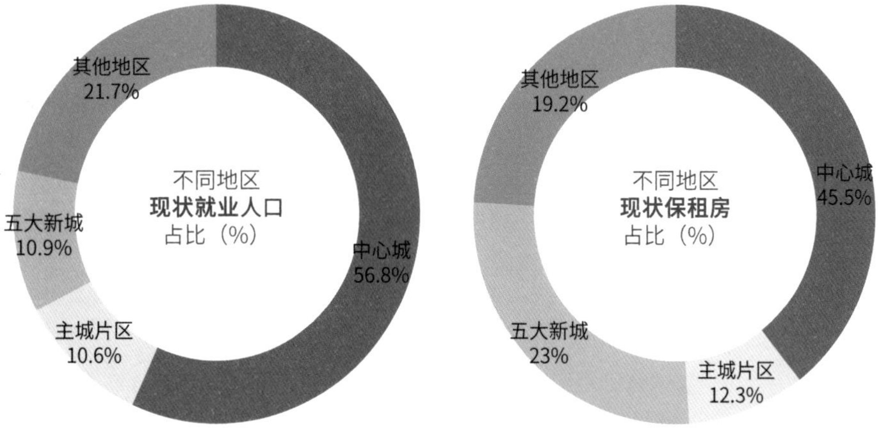

图 0-2　现状就业人口与保障性租赁住房的空间分布情况对比图

（数据来源：就业人口来源于第四次经济普查数据，保障性租赁住房数据来源于市房管局）

---

[3] 数据来源：崇明区养老设施布局专项规划评估。

4. 生态之城：生态环境治理成效显著，但面对未来更加复杂和不确定的安全挑战，韧性水平和应对能力还需进一步提高

一是落实绿色低碳发展要求，能源结构持续优化。风电、太阳能光伏、垃圾发电装机容量持续提升，万元地区生产总值（GDP）能耗从2016年的0.39tce（吨标准煤当量）下降至2022年的0.26tce。随着经济恢复，未来用能需求会持续增加，但受规划基数偏低、指标口径调整等因素影响，完成“十四五”规划预期目标的难度加大。

二是深入打好污染防治攻坚战，生态环境质量持续改善。截至2022年，地表水273个考核断面达到或好于Ⅲ类水体比例达95.7%，远超“十四五”60%的规划目标。$PM_{2.5}$、NO_2、PM_{10}均降到有监测记录以来最低，其中$PM_{2.5}$为25微克/立方米。生活垃圾回收利用率达到42%。生态环境领域各项指标均好于预期。

三是生态空间建设持续推进，但邻沪地区和市域生态网络连通性和综合服务效能不足，生态空间的综合价值尚待挖掘。“一江一河”、环城生态公园带等建设推进有力，全市公园数量达到670座，人均公园绿地面积9.0平方米。集中连片推进造林工作，全市森林覆盖率达到18.5%。但主城片区西部、北部生态网络以及大都市圈跨界生态走廊的连通性亟待加强（见图0-3）。生态空间与区位、资源、人群的融合度不足，综合服务价值有待差异化挖潜。

四是面对未来更加复杂和不确定的风险挑战，应对能力还需进一步提高。能源系统面临极端天气、国内外形势等不确定性挑战，能源供需存在从紧平衡转向硬缺口的风险。水资源供给面临气候变化、咸潮入侵、上游来水水质变化等多方面挑战。水利设施受水情工情、气候变化影响，边际递减效应日益明显。应急避难、消防救援等防灾减灾综合治理水平还有待提高。对标国际先进水平，应急物流仍存在体系架构不够清晰、设施配套不够完善、运营管理效率偏低等问题。

5. 空间支撑：区域协同从理念走向规划与实施，市域空间格局持续优化，但公共交通对空间组织效能的提升作用仍待进一步发挥

上海大都市圈多尺度战略空间单元规划行动逐渐得到落地。以“中心辐射、两翼齐飞、新城发力、南北转型”为指引，市域空间格局持续优化，不断推进形成网络化、多中心、组团式、集约型的空间体系。但各主要功能区联动有待加强，公共交通对空间组织效能的提升作用仍待发挥。

一是上海大都市圈规划成果不断在相关规划中体现与落实，城市间合作联系逐渐升级，但仍面临不少风险挑战。上海大都市圈内各市在编制“十四五”规划纲要和国土空间总体规划时，均将融入上海大都市圈、实施协同规划作为重要内容。区

图 0-3　2022 年全市生态网络连通性示意图

县和街镇层面自下而上的跨界协同实践也不断涌现。围绕创新、交通、生态、人文等重点领域，协同逐渐从理念走向规划与实施：上海、苏州、无锡等共建沪宁科创带，环太湖城市共同打造环太湖科创圈；沪宁沿江高铁开通运营，沪苏两地轨交 11 号线接轨；湖州、无锡、苏州、常州共同发起环太湖“昆蒙框架”实施联盟保护生物多样性，环太湖六市签约共建联合林长制；大运河沿岸城市共同建设大运河文化带等。但是，大都市圈也仍然面临水质问题突出、创新投入和转化能力有待提升、多层次轨道交通亟需完善等问题。

二是综合交通体系不断完善，但公共交通对空间组织的格局引领作用仍待加强。随着长三角区域一体化实施进入加速期，上海铁路北部沿江沿海通道、中部沪湖通道等加快建设，南向跨杭州湾通道需要立足新发展格局提前谋划。新城“多辅”枢纽格局规划实施进度不一，面向市域空间新格局优化仍需加强交通引导和支撑作用。桃浦智创城、外高桥、漕河泾等就业中心和产业园区的轨道交通服务仍有待加强，需要针对系统网络结构作进一步完善。交通网络规划还需从“布局适应”走向“格局引领”。

三是城乡体系逐步完善，新城增长极作用初步显现，但还需进一步促进功能培育。中心城人口进一步疏解，主城区辐射带动效应不断增强，核心产业和高端资源要素持续集聚。通过就业人口核密度分析，中央活动区集聚了最大规模的就业人群。中外环之间以及主城片区，形成漕河泾—上海南站、前滩、莘庄、虹桥商务区、浦东张江等若干就业中心（见图 0-4）。新城建设已经进入全面发力、功能提升的关键

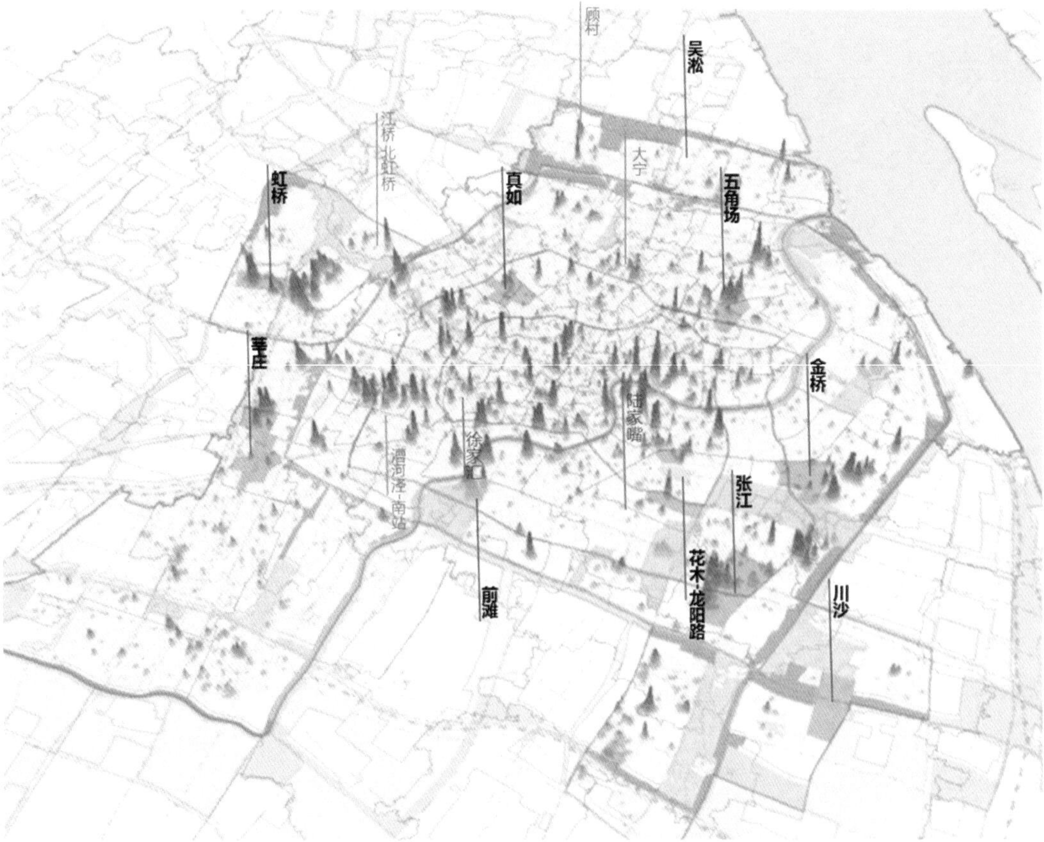

图 0-4　2022 年主城区就业中心分布分析图

（数据来源：百度慧眼大数据）

阶段。但新城人口导入效果低于政策预期，新城与中心城还未形成梯次发展、优势互补、相互赋能的格局，与中心城通行时间还较长。近郊新市镇人口持续增长，乡村地区人口继续下降。远郊城镇与邻沪地区一体化发展仍有较大提升空间。

（三）年度舆情关注

2023 年，关于上海**高质量发展**与**中国式现代化**的关注度一直居高不下，体现了政策引导下的城市战略共识，最受关注的领域是**经济恢复、科技创新**与**区域协同**，最受关注的地区是**上海自贸区和长三角一体化示范区**[4]。

相较去年，**官方媒体报道**对**营商环境**的聚焦度持续提升，其次则是围绕**长三角、产业链、自贸区、"一带一路"**等关键词展开，对于**新经济与科技创新**的报道进一步向数字化、人工智能、机器人、新能源汽车、生物医药等行业拓展，自贸区政策、城市更新也获得较高关注（见图 0–5）。**学术研究领域**继续重点关注**数字经济、数字化转型、双碳战略**，对城市更新与保护、城市治理、城市文化的关注度明显提升（见图 0–6）。**线上公众自媒体**则更聚焦**国际与全球、企业与项目、创新与科技、文化与教育**四组关键词，普遍关心户口、社保、待遇、养老、街道、社区、衣食住行等民生事务，以及 5G、智能、数字、元宇宙等**数字化转型**最新动态（见图 0–7）。

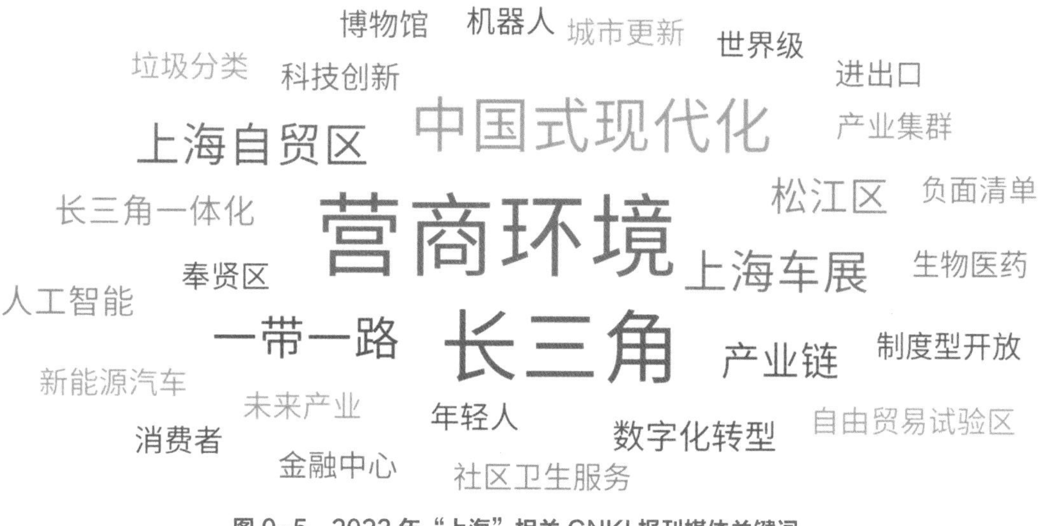

图 0–5　2023 年"上海"相关 CNKI 报刊媒体关键词

---

[4] 总体上从媒体报道、学术研究、公众发声三方面，总结本年度舆情关注领域及主要变化。具体通过 CNKI 数据库分析"上海"相关报刊媒体、学术期刊关键词，通过"新浪舆情通"平台分析"上海"及"城市"相关微信、新浪微博、客户端等网络平台的自媒体发布信息关键词。

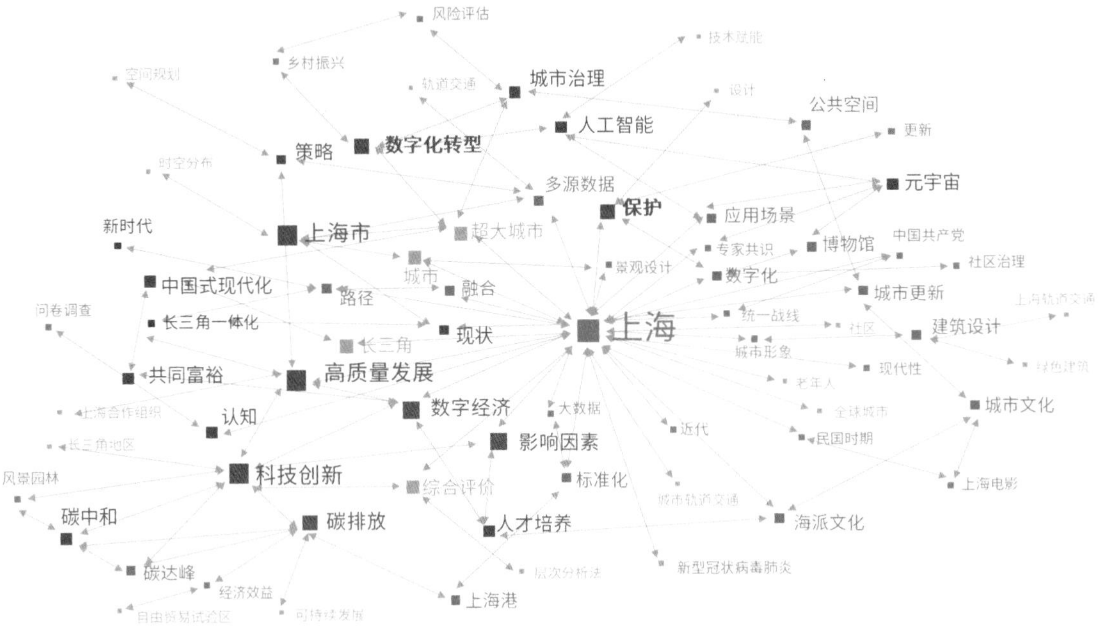

图 0-6　2023 年“上海”相关 CNKI 学术期刊关键词网络

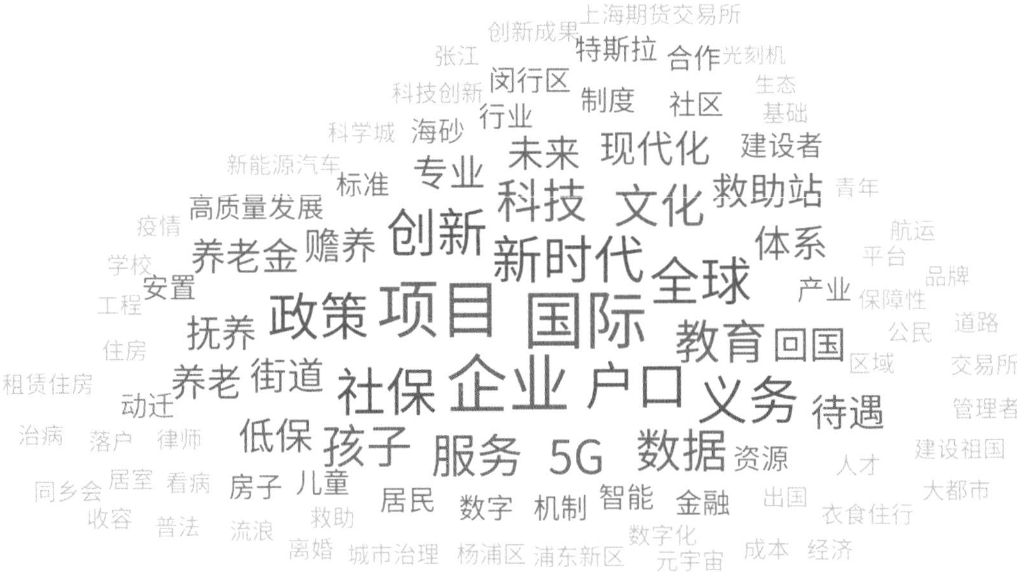

图 0-7　2023 年“上海”及“城市”相关主要线上自媒体平台关键词

（数据来源：新浪舆情通）

三、年度关注议题

建议上海应坚持**新经济发展、多样化服务、多风险防范、数字化转型、韧性水平提升**五个方面的城市发展战略导向，聚焦实现经济运行整体好转，提升城市软实力、城市韧性和抗风险能力等当前重点任务，持续深化细化战略实施路径，以促进上海“世界影响力”的能级显著提升、“社会主义现代化”的特征充分彰显、“国际大都市”的风范更具魅力。

把握新一轮经济竞争机遇期方面。不断强化新经济发展动能，在优化主城区创新生态系统和新城产业能级的同时，重视城市全域消费空间提质增效和文化战略的社会经济带动作用。进一步发挥开放枢纽辐射带动能力，全方位大力度推进首创性改革、引领性改革，推动杭州湾地区交通、产业与空间协同发展，服务构建新发展格局。

满足多元化人口需求方面。始终关注不同市民群体需求，在加强关键岗位人员服务保障的基础上，通过完善基本公共服务供给机制，提供多层次多样化的社会人文关怀，促进新市民融入城市。激发文化创新创造活力，大力提升文化软实力，推进国际文化大都市和人文之城建设。探索城市更新可持续发展新模式，协调保障多元主体利益，在城市小规模、渐进式的滚动更新中不断深化践行人民城市重要理念。

应对气候变化与多元风险方面。积极推动经济社会发展全面绿色转型，提升城市气候适应能力和减缓实效，不断夯实水资源、能源安全供应能力。推动防灾减灾体系向场景化、预案式的全过程模式转型，并完善应急物流体系建设。重视生物多样性丧失和生态系统服务退化问题，构建城市生物多样性保护体系，全面推进韧性安全城市建设。

加快城市数字化转型方面。在持续推动经济数字化、生活数字化、治理数字化的过程中，积极营造数字化生活消费新场景、防灾减灾智慧化应用场景，不断提升城市灾害应急系统与物流系统的信息化水平，为城市生活方式的数字化转型做好趋势预判与空间战略准备，建设真正为人服务的数字城市。

提升空间治理韧性水平方面。立足上海大都市圈、城镇圈和社区生活圈空间治理机制，依托规划实施保障和多样化运营机制，加快邻沪跨界城镇圈空间协同发展，不断提升全市多领域协同的空间资源统筹整合能力，以社区空间的适应性提升和参与式治理工作路径的建立，充分调动人民群众积极性主动性创造性，推动韧性社区建设。

本报告立足全球城市发展目标，从创新之城、人文之城、生态之城三个分目标，聚焦都市圈、市域、社区不同空间治理层次，把握全球发展大势，关注现阶段重点问题，重视舆情关注领域，从城市战略规划维度，围绕 12 个议题具体展开研究。

建设国际消费中心城市，是上海贯彻落实党的二十大精神和扩大内需战略、增强消费在国内国际双循环战略链接中的基础性支撑作用、全面提升上海城市能级和核心竞争力的重大战略部署。2023 年 7 月，国务院办公厅转发国家发展改革委《关于恢复和扩大消费的措施》明确提出将恢复和扩大消费放在以高质量发展满足人民群众对高品质生活需求的优先位置，要求进一步拓展消费新空间，以高质量供给引领和创造市场新需求，助力国际消费中心城市建设。消费新时代下，顺应人的生活理念和生活方式的转变，“消费的空间”逐步向“空间的消费”转变，并呈现多中心、场景化、数字化等新的发展趋势。上海作为全国消费的前沿城市，一直引领着消费升级和消费潮流，但同时在消费空间能级和品质等方面仍存在一定短板和差距。本议题提出通过打造全城区的消费空间网络、创新全类型的特色消费场景、统筹全方位的消费支撑举措等策略建议，进一步吸引消费回归，助力上海国际消费中心城市建设。

CHAPTER 1

第一章

促进消费空间转型升级，助力国际消费中心城市建设

建设国际消费中心城市，是上海贯彻落实党的二十大精神和扩大内需战略、增强消费在国内国际双循环战略链接中的基础性支撑作用、全面提升上海城市能级和核心竞争力的重大战略部署。消费的主体是人，而消费空间作为人的消费行为发生的主要场所，其能级和品质对疫情后恢复和扩大消费、引领消费结构升级、以高质量发展满足人民群众对高品质生活需求的意义重大。为此，本议题聚焦上海城市消费空间开展研究，充分把握新消费时代下消费空间发展新趋势，坚持需求牵引供给、供给创造需求，助力上海国际消费中心城市建设。

一、城市消费空间发展新趋势

国际消费中心城市是经济全球化时代国际大都市建设的核心目标之一。从世界范围看，**活力多元的消费空间、高效便捷的消费环境、融合互动的消费生态、公平健全的消费政策**是推动国际消费中心城市建设的“四梁八柱”。消费新时代下，随着人的消费理念从“物质性消费”向“体验性消费”升级、消费需求从“大众化消费”向“个性化消费”细化、消费模式从“线下消费”向“线上线下融合”拓展，以及Z世代等消费新人群不断涌现，“消费的空间”也逐步向“空间的消费”转变，并呈现**多中心、场景化、数字化**的新发展趋势。

（一）耦合城市重点板块，形成多中心的消费空间格局

具有全球影响力的消费集聚区，是国际消费中心城市的重要标志，并成为彰显城市形象、促进经济发展、激发城市创新的超级聚场。国内外很多城市都充分依托城市重点功能板块的“引流”效应，注重消费空间与重点功能板块的充分耦合，形成多中心、多类型的消费集聚区。**一是结合城市公共活动中心，形成具有全球影响力的综合消费集聚区**。重点依托城市公共活动中心集聚全球要素资源的能力，成为高端消费的集聚地和潮流引领的风向标。如东京围绕各级公共活动中心，形成高端引领、错位发展的消费空间格局，包括以国际化高端消费为特色的银座、以枢纽型一站式消费为特色的新宿、以年轻人潮流消费为特色的涩谷等。**二是深度挖掘服务消费资源，强化文化、旅游等特色资源的集聚和融合发展，打造世界级特色消费集聚区**。如被称为世界戏剧中心的伦敦西区，区域内集聚40多家剧院，以及零售、餐饮、画廊、酒店等多样化的服务业态，每年吸引超过4亿游客，带动了除门票以外的大规模附加消费，提升了区域整体消费体验和经济密度。**三是结合城市创新区和历史风貌区，塑造彰显街道活力和人文特质的新兴消费集聚区**。如比利时布鲁塞尔大学

区，既是科创人才集聚地，又是欧洲十大最酷街区。以“巨富长”[1]、安福路为代表的上海“梧桐区”，广州东山口等历史街区已成为“流量经济”下的现象级打卡地。

具有全球影响力的消费集聚区，努力营造功能高度融合、空间形式多样的消费生态。从各类消费集聚区发展来看，为切实将“流量”转化为“留量”，都围绕人的消费活动营造融合互动的消费生态，进而拓展消费链，延长消费时间，提升消费经济密度。**一是注重功能业态的高度融合**，强化各类商业空间与文化、旅游、体育、

专栏一：上海“梧桐区”

梧桐区是制霸上海网红街区的“人气王”，是沪上年轻潮人 Citywalk 首选目的地。梧桐区依托衡复风貌保护区，以上海历史街区为载体，结合城市更新，引入新兴消费品牌，注重产品创新，为消费者提供多元消费体验。另外通过形成多条主题鲜明的特色消费路线，串联精品小店、人、环境，演绎特有文化符号，如安福路是上海的潮人中心，“巨富长”聚集了最多的网红店铺，武康路有望冲击“新消费亿元街区”，消费品牌门店让这里有足够的新鲜感、话题度。

梧桐区武康路 Citywalk 路线示意图

（图片来源：小红书 app）

[1]“巨富长”为上海巨鹿路、富民路、长乐路三条街道的简称。

休闲等空间的深度融合，形成商文旅体有机互动的整体消费生态。**二是塑造多样化的消费空间形式**。除传统的商业综合体外，街道、广场、公园等公共空间资源也创造了消费需求，并组织形成互联互通的消费动线，“由点及面”带动区域整体消费活力的提升。如东京的表参道一青山消费集聚区涵盖了原宿、表参道、南青山等各类商业空间，便捷的轨交系统和连续的街道网络串联起代代木公园、根津美术馆、明治神宫等服务消费设施，形成功能高度融合、空间形式多样的消费集聚区。

（二）顺应人的发展需求，呈现多元的消费场景

近年来，随着人的消费需求从“产品”向“体验”升级，**以购物中心为代表的消费空间通过植入多元的主题场景，提升人的“沉浸式”消费体验**。充分利用商业综合体或商业街区的公共空间，通过植入故事场景、策展空间、虚拟现实技术等，丰富消费者的多样化体验。如北京芳草地以文化艺术为特色场景，植入艺术策展空间，并陈列 500 余件艺术品。上海豫园运用 AR 技术，将《山海经》中的神兽腾云驾雾融入实景空间，让游客感受到山海奇豫的沉浸体验。此外，通过**高品质的空间设计、流线设计、绿植景观等，提供更具舒适感的消费体验**。如上海苏河湾万象天地将商业空间嵌入地下，并通过层层退台式的地景设计、天桥和旋转楼梯等设施，将地面大型公园绿地与地下商业空间相融合，为消费者打造一个开放无界的公园式消费场景。

随着消费市场的不断细分，人的消费偏好逐渐向精细化、个性化、定制化转变。聚焦目标群体的个性化需求，**二次元、潮流运动、萌宠等以文化价值认同为基础的社群化消费场景逐渐涌现**，通过积极**营造社交第三空间，满足线下兴趣交流、聚会活动的需求，强化社群的情感链接**。如被称为年轻人“二次元文化圣地”的上海百联 ZX 创趣场，以内容经营为核心，引入了大量二次元头部 IP 和品牌旗舰店，不定期举办的模型展和游戏展，为细分消费群体提供针对性的社交空间。作为存量商业更新改造的范例，北京“THE BOX 朝外”通过精准定位年轻客群，打造空中篮球场、滑板区、涂鸦市集等，成为潮流文化聚集地。

此外，伦敦、纽约、新加坡等城市还高度重视夜间经济的发展，将夜间经济作为释放消费潜力、塑造城市形象、增加就业岗位、提振经济发展的重要抓手，并多策略**推动夜间经济发展**。**一是**打造文化、娱乐、观光、餐饮等丰富多元的夜间消费业态和标杆项目，如新加坡夜间野生动物园、纽约百老汇、上海 INS 复兴乐园、成都猛追湾等。**二是**设立促进夜间经济发展的专门机构，如纽约成立了“夜间生活办公室”，伦敦设立了“夜间市长”职位，日本则成立了“24 小时日本”推进协会和夜间经济议员联盟。**三是**通过改善夜间交通、加强治安保障等措施，创造良好的夜经济环境。

专栏二：社群化的消费场景

上海百联 ZX 创趣场

百联 ZX 创趣场以二次元文化消费为抓手，涵盖零售、展览、游戏和餐饮等多元业态，是国内首座聚焦次元文化的商业体。一是面向细分消费群体，提供有针对性的消费社交空间；二是聚焦次元文化的精神消费，以动漫作为文化载体，探索消费市场新模式；三是以内容经营为核心，引入了大量品牌首店和旗舰店，通过与消费者深度沟通，产生丰富的链接互动。

百联 ZX 创趣场现状照片

北京 THE BOX 朝外

The Box 朝外在原昆泰商场的基础上改造而成，聚焦“年轻力”特色主题，覆盖创新零售、艺术展览、娱乐体验等功能。通过营造艺术策展、滑板街、篮球公园、盒市大街等多元场景，顺应 Z 世代年轻消费者的生活方式和潮流。

The Box 消费场景示意图

（图片来源：“时尚北京”微信公众号）

专栏三："夜间经济"消费场景

上海 INS 复兴乐园

复兴公园经过转型后，突破传统商业的模板，在 24 小时开放的百年园林中加入了电竞、音乐、潮流文化等功能，创造了"夜经济"新场景。从人群来看，晨间的复兴公园是银发族的地盘，夜间的复兴乐园则通过"电竞＋音乐＋餐饮"的组合营造，建立了属于都市年轻人的"游乐场"。日与夜的不同场景，形成全年龄群体共享的新型消费空间模式。

成都"猛追湾"

作为成都首批城市更新项目，猛追湾以"街、坊、巷"为抓手，一是保留具有片区记忆的商家，对其进行软硬件提升；二是定向引入特色小店、网红首店，形成以小店经济、首店经济、夜间经济为主的特色活力街区。场景营造方面，猛追湾通过江畔市集、艺术展演、互动滨水连廊等方式，将空间改造与历史有机融合，打造复合型夜间文旅消费场景。

猛追湾夜间消费场景示意图

（图片来源："有点成都"微信公众号、"地产 NEW 谈"微信公众号）

（三）应用数字新技术，形成虚实共生的消费空间

互联网技术、大数据分析等新技术不断发展，**促进了消费模式创新，扩大了消费市场容量**。一方面有助于实体消费拓展服务客群，通过直播带货、网络打卡、云端体验等方式扩大宣传面。如北京西城区开展的"元宇宙"国家级非遗项目——厂甸云庙会，打开了"数智＋文化"的新格局。另一方面随着数字社交媒体的快速发展，互联网已经成为培育消费潮流的重要载体，线上消费潮流又进一步引领实体业态创新，如自台北故宫博物院的"馆藏仿制品"在网络引发热潮后，北京故宫博物院也顺势推出"故宫文创"品牌线上销售，至 2021 年底，故宫文创产品已经累计销售超过 30 亿元。

此外，数字技术进一步**赋能实体消费空间服务水平**。智能导视、无感支付、自动停车、VR 寻车、代客排队等技术极大程度地便利了消费客群。运用人工智能分析消费者行为，提供了更精准的服务，如成都 IFC 的全国首个全场景 AR 导航等。客流监测、需求分析、系统感知、智能决策、应急处理等技术有助于赋能供给主体，提升管理效率，例如前滩太古里运用 BIM 技术管理整个区域，集成了智慧城市的多项管理服务系统。

专栏四：厂甸云庙会

2023 年初，北京市西城区与中国移动咪咕公司联合打造了北京厂甸云庙会——“北京琉璃厂历史文化街区非遗元宇宙”项目，秉持“以虚强实，服务线下实体经济”的原则，为文化和旅游数字化创新实践提供了成功样板。厂甸庙会作为国家级非物质文化遗产之一，已有四百多年。厂甸云庙会项目将这个非物质文化遗产通过数字化手段再现，在线举办了云端非遗老字号年货节、猜灯谜迎福气、一站式吹糖人、猜灯谜等活动，还能够进入荣宝斋、一得阁、戴月轩等非遗老字号消费，重现了“文商并举、雅俗相济、商娱相融”盛景。通过数字化赋能，扩大了传统非遗的服务客群，尤其让年轻人接近、爱上、传承非遗，赋予非物质文化遗产更持久、更旺盛的生命力。

二、上海消费空间的现状与问题

作为我国改革开放的前沿窗口和深度链接全球的国际大都市，上海拥有高度繁荣的消费市场、丰富多元的消费场景、便捷安全的消费环境等优越的发展基础，也在不断为建设国际消费中心城市而努力。但与高水平的国际消费中心城市相比较，在高质量的服务消费供给、本土化的消费场景创新、丰富的夜间消费内容、友好包容的空间环境等方面仍存在一定差距。

（一）综合消费实力显著，但服务消费能级有待提升

随着社会经济高度发展，上海在消费贡献、资源配置、潮流引领等方面的综合消费实力显著。2022 年，上海社会消费品零售总额 1.64 万亿元，新增首店 1 073 家，均居于全国首位。根据 2016 年仲量联行发布的“全球跨境零售商吸引力指数”和“全球跨境奢侈品零售商吸引力指数”，上海均排名全球第六。此外，以南京西路、陆家嘴为代表的消费集聚区影响力强，社区级消费设施便利度高，具有强大的消费实现能力。

但随着消费结构逐渐从“物质性消费”向“服务性消费”升级，**上海尚未形成文化、旅游等高能级的特色消费集聚区**。以文化为例，目前上海已形成“环人民广

场演艺活力区”、花木等文化资源集聚的区域，新型展演空间数量也位居全国首位[2]，但对照世界级文化消费集聚区，**在文化设施密度和功能混合度方面仍存在较大差距**（见表 1-1）。设施密度方面，作为上海演艺设施最集聚的“环人民广场演艺活力区”，1.5 平方千米范围内虽已集聚了 20 多家剧场，但相较于伦敦西区、纽约百老汇，演艺场馆数量仍不足一半。功能混合度方面，部分大型文化设施呈现功能“孤岛”现象，周边严重缺乏配套服务功能。如花木副中心除文化设施群以外，餐饮、零售、休闲等业态配套明显不足。

表 1-1　文化消费集聚区的设施密度和服务配套功能一览表

文化消费集聚区	规模（km^2）	演艺剧场设施数量（个）	服务配套功能	年客流量（万人）	经济贡献
伦敦西区	1.5	40～50	美术馆、画廊、酒店、书店、商业街区	1 642（2022）	票房收入近 9 亿英镑（2022）
纽约百老汇（41 街至 54 街之间）	1	41	公园、艺术馆、酒店、商业综合体	1 228（2022）	票房收入 15.78 亿美元（2022） 贡献了 8.7 万个就业岗位和 126 亿美元的经济效益（2018）

（数据来源：伦敦数据来源于 West End Theatre；纽约数据来源于 Broadway League 和纽约劳工部）

（二）消费场景日趋多元，但场所本土化内核有待加强

上海一直是全国消费潮流引领的风向标，消费场景持续创新、丰富多元，陆续涌现出例如武康路—安福路等新消费场景试验场[3]。同时上海在体验型商业和新潮休闲、娱乐运动等消费品牌数量方面也一直处于领先地位[4]，领跑全国。在规模优势以外，上海还培育出众多体验业态标杆品牌，例如 MANNER、Seesaw、M Stand 等咖啡品牌、幸福集荟等书店品牌，以及新潮娱乐品牌 X 先生等；老凤祥、蜂花等老字号品牌也积极探索转型。

[2] 第一财经新一线城市研究所结合互联网演出平台大数据，统计头部城市小剧场、音乐现场等新兴展演空间的供给情况，截至 2023 年 3 月，上海新兴展演空间共计 155 处，约为深圳的两倍，杭州和成都的三倍，长沙的六倍，展演内容方面也呈现类型丰富、风格年轻多元、本土 IP 逐渐成熟三大特征。

[3] 2021 年 9 月，武康路—安福路街区被认定为“上海市级旅游休闲街区”，也是公认的消费体验打卡地，涌现出众多新潮品牌与体验门店，例如 HARMAY 话梅、LOOKNOW、多抓鱼、三顿半、观夏等。

[4] 根据第一财经新一线城市研究所研究数据，截至 2023 年 3 月，上海共有体验型商业业态约 1.19 万家（其中包含咖啡馆 8 000 多家、全球最多）、新潮休闲娱乐业态 3 500 余家、新潮运动场馆 300 余家。

但从**消费品牌**来看，**本土消费品牌的影响力和竞争力还有待进一步提升**。尽管上海拥有最多“中华老字号”商标[5]，且在美妆、珠宝、服饰等时尚消费品牌及生活消费类电商平台方面具有领先优势。但在营收体量、溢价能力、品牌维护等方面仍显不足。目前，全国营业收入超千亿的企业有 222 家，超万亿的企业有 8 家，上海营业收入超千亿的企业有 21 家，但其中没有一家是本市消费类品牌。2023 年 11 月商务部等 5 部门将长期经营不善或者丧失老字号注册商标所有权、使用权的 55 个品牌移出中华老字号名录，其中上海占 17 个，数量最多。

从**消费空间**来看，**彰显上海本土风貌的特色消费空间仍有待挖潜**。上海仍有大量的历史地段、特色空间有待注入消费活力，如外滩第二立面、老城厢地区、宝钢地区等。此外，**特色空间与本土品牌的深度联动还有待加强**。如以传统里弄建筑为特色的张园，功能业态还是以迪奥、路易威登、宝格丽等国际大牌为主，国内消费品牌相对较少。

专栏五：北京关于促进老字号发展的文件与举措

北京促进老字号发展的相关文件

2023 年 9 月北京市商务局、北京市规划和自然资源委员会、北京市住房和城乡建设委员会等 9 部门联合印发《进一步促进北京老字号创新发展的行动方案（2023—2025 年）》，通过 10 大行动、30 项举措，配套 4 大保障措施，促进老字号创新发展，计划通过原址风貌保护、文化资源联动、营销策略创新等行动，目标至 2025 年使老字号企业整体营收或产值总规模达到 2 000 亿。

北京前门大街打造“老字号 + 国潮”的高品质街区

前门大街以“老字号 + 国潮”模式，不断推动老字号与非遗文化场景融合创新。大街及其周边围绕“一轴一街一带，一廊五区”，建设具有京味特色与现代活力的高品质步行街区，推动古都商街持续迸发生机活力。

以前门大街为“一轴”，全长 840 米的前门大街聚集了 30 余家老字号，通过积极推进老字号商业升级，对东来顺、御食园、长春堂等一批老字号店铺所在的历史建筑进行更新改造，更注重传统京味儿的风貌延续。同时，推动老字号与非遗文化场景的融合创新，四联美发博物馆（北京美发博物馆）、盛锡福帽子博物馆、荣宝斋沉浸式体验研学馆等的落户，让中外来客打开了拥抱“国潮”的新方式。同时，持续引入国潮风的各类活动和特色项目，包括传统曲艺节目的专场演出、国潮老字号市集、非遗文化展等，未来还将吸引更多国潮精品项目、艺术活动、体育赛事等。

[5] 自 2006 年商务部启动“振兴老字号工程”以来，共有 1 128 家中华老字号得到认定。截至 2023 年底，上海拥有“中华老字号”称号的企业 197 家，位列全国第一。

（三）夜间消费活跃度高，但“夜态”结构和特色有待挖潜

2022 年，上海夜间消费总规模约 4 918 亿元，夜间经济综合实力指数排名全国第一[6]，但仍存在一些潜在问题。**一是区域不平衡**，根据上海周末夜间消费空间热力分析，除陆家嘴以外的浦东新区其他地区夜间活力严重不足（见图 1–1、图 1–2）。**二是“夜态”结构不平衡**，夜间消费以餐饮为主，尚未形成购物、演艺、娱乐、游憩等内容多样、融合互动的夜间消费产业链。为提高居民夜间的社区生活质量，上海近一半的公园已实行 24 小时开放，社会反馈较好。但除便利店和公园以外，24

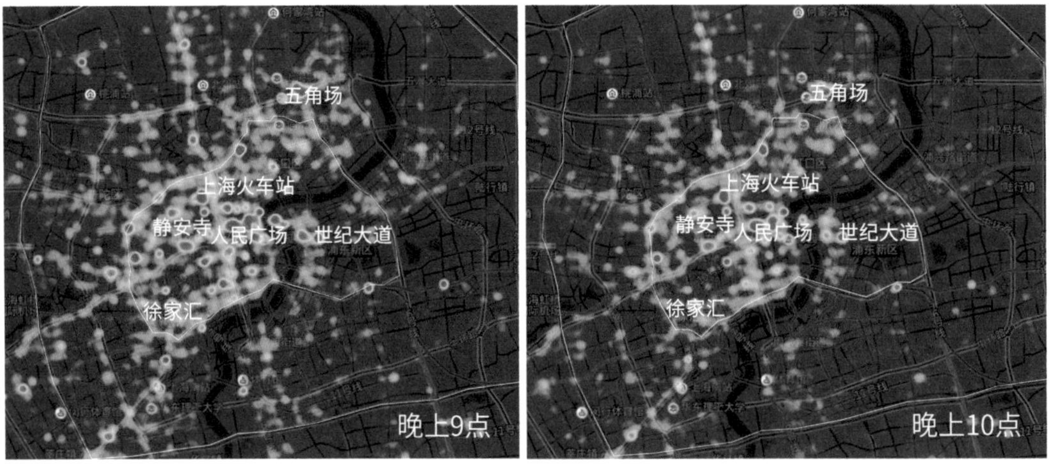

图 1–1　上海周末晚上 9 点—10 点消费热力分布（2023 年 9 月 28 日）

（数据来源：百度地图慧眼）

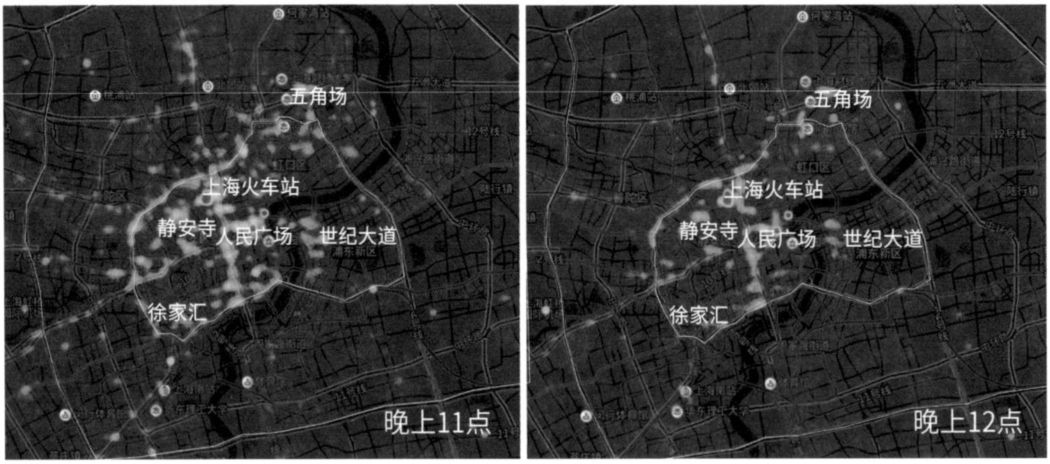

图 1–2　上海周末晚上 11 点—12 点消费热力分布（2023 年 9 月 28 日）

（数据来源：百度地图慧眼）

[6] 2023 年 6 月 28 日，第一财经在“24 小时活力城市”论坛上发布最新中国城市夜间经济指数，包括夜间出行活跃度、酒吧数量、livehouse 数量、夜间灯光强度、夜场电影活跃度、城市公共交通夜间活跃度六项指标。

小时开放的书店、健身房、自习室等夜间服务空间还比较匮乏。**三是夜间标杆性项目较为缺乏**。上海缺少如伦敦西区、纽约百老汇、新加坡夜间动物园、国内“印象系列”等高品质、常态化的文化演艺、娱乐休闲等标杆性项目。

（四）消费环境便捷安全，但公共空间包容性有待提升

交通网络、城市治安、公共空间、智慧服务等是支撑国际消费中心城市的重要消费环境。依托发达的轨交网络，上海为消费者提供了高效便捷的出行体验，并且在数字化支付、城市治安等方面具备突出优势，形成了高效、便捷、安全的消费环境。但随着疫情后上海与国际交流交往逐步恢复、国际游客逐步增加，支付不够便利、网络打车难、门票预订难等仍是阻碍国际游客入境消费的痛点。

此外，与国际消费中心城市相比，上海公共空间的包容性仍有一定差距。尤其是随着人们生活方式的转变，citywalk（城市漫步）、cityride（城市骑行）成为时下最热的都市休闲方式，**城市滨水空间、街道、公园等公共空间本身已成为重要的引流空间和消费名片**，这对公共空间的活力提出了更高的要求。**空间设计方面**，城市慢行系统尚不成网络，在步行和骑行网络的连通度、全龄友好的慢行环境、与商业空间的融合度等方面仍有较大提升空间。**功能兼容性方面**，“一江一河”等滨水空间及腹地的消费经济密度不足，缺乏多样化的餐饮、零售、娱乐等配套服务设施。此外，对于街道设置快闪店、户外用餐区等临时功能的兼容性考虑不足。**精细化管理方面**，为满足大众对帐篷露营等都市休闲体验的新需求，2023 年上海、北京、成都等城市先后发布了关于帐篷露营地、公园帐篷区的相关管理规范，但相较于成都，上海在后续建设导则、实施细则等方面尚有缺位，政策落地性和操作性有待加强。

专栏六：成都关于帐篷露营的管理规范

2023 年 6 月，成都市文化广电旅游局印发《成都市露营地建设与服务规范（试行）》。该规范由《成都市露营地建设导则》《成都市露营地管理与服务规范》《成都市旅游露营地等级划分与评定标准》三个部分组成。规范对露营地的选址提出了明确的避让要求（生态保护红线、自然灾害多发地、居民生活区等），并按开放时间及服务形式不同，将露营地划分为日归型和夜宿型两类，提出根据不同的类型进行功能及设施建设。

三、上海消费空间优化提升的思路与对策

上海需要进一步发挥辐射国际和国内两个扇面消费市场的优势，构建网络化的

消费空间格局，营造包容性的消费环境，创新本土化和国际化的消费场景，进一步增强消费在上海构建国内大循环中心节点、国内国际双循环战略连接中的基础性支撑作用，助力国际消费中心城市建设。

（一）打造“全城区”的消费空间网络

加强城市重点地区的消费空间供给。重点完善临港新片区、城市副中心、“五个新城”地区的消费空间载体，并加强中心城存量商业空间的转型更新，形成定位精准、错位发展的消费集聚区。同时以 TOD 发展为导向，在新市镇地区围绕轨交枢纽站点建设轨交微中心，提升郊区的消费空间供给品质。

打造具有全球影响力的特色消费集聚区。依托世博会地区文化博览区、环人民广场演艺活力区、花木副中心等，通过城市更新盘活存量空间，增加文化设施密度，提升区域的餐饮、零售、娱乐等功能复合度，助力消费结构升级。加强迪士尼、乐高乐园等大型主题乐园对周边区域的辐射带动作用，通过打造多层次的休闲度假产品，延长来沪旅客和本土游客的消费链。发挥东方枢纽等地区的政策优势，探索以免税经济为主导的特色消费集聚区，吸引国际消费回流。

拓展城市创新区等新兴消费空间。在上海科技创新中心的建设框架下，充分发挥创新经济对消费的带动作用，促进创新城区建设。围绕张江科学城、杨浦滨江、大零号湾等创新空间，打造以青年人群为主题的消费场景，满足双创青年对文化、社交、休闲等多层次的消费需求。同时，发挥城市创新区的新兴产业集群优势，提前布局新媒体、虚拟现实等消费新赛道。

（二）创新“全类型”的特色消费场景

面向更细分的消费人群。关注不同社群差异化的消费需求，提供具有针对性的消费内容和消费空间。如针对 **Z 世代**群体个性化、体验化、数字化的消费需求特征，鼓励消费内容向更新、更专、更复合转变，引导消费空间开展体验型、艺术性、包容性的设计。针对**女性群体**，根据其悦己、交往、审美、求知等需求变化趋势，提供更能够满足女性视觉偏好、提供情绪价值的沉浸式消费场景。针对**儿童及家庭客群**，设计更富有游戏性、安全性的儿童友好消费空间等。

融入更本土的文化引领。围绕上海红色文化、海派文化、江南文化的文化精神与内涵，加强本土文化引领，培育独特的上海消费 IP，进一步提炼特色要素，讲述上海“消费故事”。加强本土品牌与特色空间的整体联动，重点关注有历史、有故事的区域与空间，引入本土消费品牌，植入传统消费活动。发挥重点文旅区域、交通枢纽的文化传播带动作用，支持植入本土消费空间与消费品牌，塑造上海消费城市 IP。

挖掘更多元的夜间消费潜力。加大夜间消费的空间覆盖度，重点拓展临港新片区、浦东新区、“五个新城”等地区的夜间消费内容供给。充分发挥文化场所的夜间引领作用，鼓励博物馆、美术馆等大型文化设施延时经营，推出游学、讲座等不同类型的夜间主题活动。通过进一步探索错时停车、周末地铁特定线路 24 小时服务等，增强城市基础设施支撑能力，提高夜间出行便利度。

（三）统筹“全方位”的消费支撑举措

加强精细化设计和弹性化管理。设计层面，坚持以人的需求为导向，关注舒适度、便利度和个性化，提高消费者黏性；提升街道网络的环境品质，引导主街消费氛围向后街“毛细血管”延伸，激活“后街经济”；完善让消费者“边骑边逛”的慢行空间网络，以高品质的慢行空间提升消费出行的舒适度；通过制定设计导则，以精细化设计引领品质化环境。管理层面，进一步完善设置定制化餐车、集装箱商业服务站点、帐篷营地等临时功能的实施管理细则，提升公共空间的“烟火气”。此外，可借鉴纽约“夏日街道计划”，通过在特定时段禁止机动车通行，供人们骑行、健身、举办集市活动等，倡导更为健康的生活方式，提升城市街道活力。

加强“以虚促实”的数字化应用。促进实体消费空间的数字化转型，如运用刷脸支付、智能停车、个性消费导览等技术；提升数字化管理效率，如建立客流预警系统、提供商圈经营数据服务等。打通“线上种草 + 线下消费”的新链路，促进线下消费内容的线上传播，鼓励线上消费活动的线下转化。

加强赛事活动的策划与频次。近年来，上海通过举办国际体育赛事、文化演艺活动、“夜生活节”等，充分带动了餐饮、住宿、旅游等多领域的消费增长。未来应进一步提高举办节事活动的频次和广度，加强与国际文化节庆活动主办方的密切合作，增加高能级的国际文化活动，释放文化消费潜力。进一步联动长三角地区，整合区域消费资源，组织跨区域的主题型消费活动策划。

聚焦并持续强化“四大功能”，是上海新时期新征程上深化“五个中心”建设和高水平改革开放、推动高质量发展的重大战略部署。新起点上，东方枢纽将与虹桥国际开放枢纽“两翼齐飞”，成为强化上海开放枢纽门户功能的重要支撑，对畅通国内国际双循环格局、推动城市高质量发展和引领上海更高层次、更高水平开放具有重要的战略意义。但东方枢纽在强化内外链接、经济功能、开放格局等方面仍存在短板和不足，对提升国际枢纽门户的战略链接价值、发挥东方枢纽辐射带动作用带来不利影响。研究建议：一是聚焦双向开放枢纽，强化交通内外链接，提升全球城市区域辐射能力；二是加快航空物流、航空制造、总部经济等核心功能构建，实现标志性产业链增链强链；三是打造创新示范的航空城，推动地区功能完善与空间重塑。

CHAPTER 2

第二章

发挥东方枢纽辐射带动作用，服务构建新发展格局

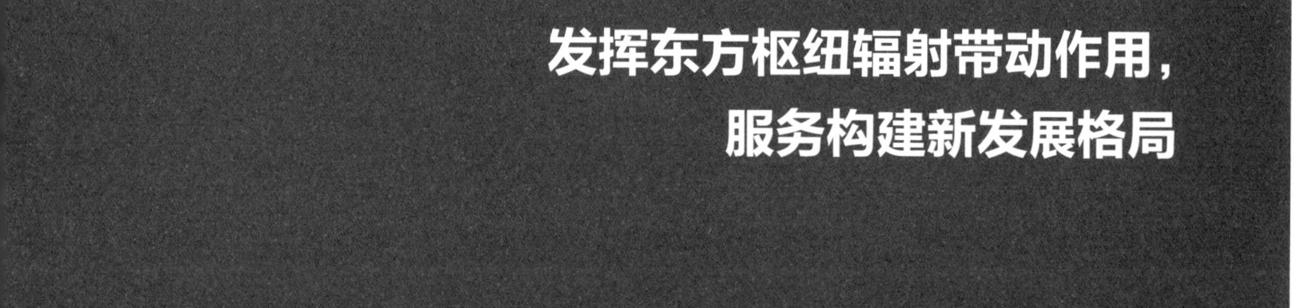

强化全球资源配置、科技创新策源、高端产业引领、开放枢纽门户等四大功能，是习近平总书记交给上海的任务，也是新时期上海服务构建新发展格局、推动高质量发展的重大战略部署。东方枢纽作为集聚全球要素、配置全球资源的战略链接和促进国内国际双循环的重要锚点，将与虹桥国际开放枢纽“两翼齐飞”，成为强化上海开放枢纽门户功能的重要支撑。随着国家空港型物流枢纽、国际商务合作区、航空运输超级承运人等多项举措的持续叠加，在全面提升东方枢纽功能的同时，必将对上海未来城市发展格局产生深远影响。因此，本议题从东方枢纽的使命特征出发，超前研判、整体谋划，系统研究其对上海构建新发展格局的战略意义，并提出相应的策略建议，推动上海高质量发展。

一、发展背景与战略意义

上海市委、市政府明确将东方枢纽打造成为“新时代国际开放门户枢纽新标杆”。为此，东方枢纽将依托上海浦东国际机场和上海东站，建设链接长三角、服务全国、辐射全球的世界级开放枢纽；大力发展枢纽经济，成为带动周边地区发展的经济核爆点；进一步承担对外开放战略使命，成为制度型开放的试验田。这对构建双循环新发展格局、促进长三角一体化高质量发展、强化上海“四大功能”和提升“五个中心”能级具有重大意义。

（一）打造世界级开放枢纽，有利于完善国内国际双循环的战略链接

“双循环”新发展格局下，综合交通枢纽是增强循环动能、提升循环效率的重要纽带和基石。建设双向开放、空铁联动的国际枢纽门户，将成为构建新发展格局的坚强支撑。

依托浦东机场链接全球城市网络，代表国家参与国际竞争。浦东机场是国内首个定位为洲际枢纽节点的大型国际机场和最具有国际影响力的枢纽门户口岸之一[1]，2019 年客货运吞吐量全球排名分别为第八和第三（见表 2-1）。相较于虹桥枢纽，东方枢纽的国际航线和国际中转优势更加突出，国际服务功能属性更强。面对日趋激烈的亚太区域洲际枢纽格局[2]，东方枢纽有责任打造向外链接全球网络的国际门

[1] 2019 年浦东机场旅客吞吐量 7 615 万人次，其中出入境国际旅客约 3 851 万人次，占全国航空旅客出入境总量的 45%，约是北京首都国际机场的 1.4 倍、广州白云机场的 2.04 倍，是国内对外航空第一大门户口岸。（数据来源：《2019 年民航行业发展统计公报》）

[2] 迪拜机场远期规划期望打造亚洲最大洲际枢纽；沙特规划建设萨勒曼国王国际机场，定位为连接东西方的枢纽，规划旅客吞吐量 1.85 亿人次 / 年、350 万吨货物 / 年；新加坡樟宜机场新增 5 号航站楼，瞄准打造亚洲最主要航空枢纽的目标；日本制定“东京成田机场（NRT）功能升级”计划，新建和延伸机场跑道，增强国际竞争力。（数据来源：环球网、民航新型智库）

户、国家对外开放的前沿窗口和融入全球产业体系的关键节点，代表国家参与全球竞争。

依托上海东站向内辐射牵引，服务长三角区域一体化。东方枢纽是长三角城市群与全球对话沟通、资源链接的“第一站”。上海东站作为国家沿海通道在上海的主要客站，联动虹桥站形成“东西两翼”格局，有利于增强面向国内的区域辐射和牵引能力，促进长三角区域交通网络互联互通，支撑服务国家沿海大通道和长江经济带发展战略，重塑全市功能型、枢纽性、网络化的综合交通体系，并为全国统一大市场建设提供枢纽支撑。

表 2-1 世界枢纽机场客货运吞吐量排名

2019 年			2019 年			2021 年	
客运吞吐量排名	机场	客运吞吐量（万人次）	货运吞吐量排名	机场	货运吞吐量（万吨）	机场	货运吞吐量（万吨）
1	亚特兰大哈茨菲尔德—杰克逊 /ATL	11 053.1	1	香港 /HKG	480.9	香港 /HKG	502.5
2	北京首都 /PEK	10 001.1	2	孟菲斯 /MEM	432.3	孟菲斯 /MEM	448.0
3	洛杉矶 /LAX	8 806.8	3	上海浦东 /PVG	363.4	上海浦东 /PVG	398.3
4	迪拜国际 /DXB	8 639.7	4	路易斯维尔 /SDF	279.0	安克雷奇 /ANC	355.5
5	东京羽田 /HND	8 550.5	5	仁川 /ICN	276.4	仁川 /ICN	332.9
6	芝加哥奥黑尔 /ORD	8 437.3	6	安克雷奇 /ANC	274.5	路易斯维尔 /SDF	305.2
7	伦敦希思罗 /LHR	8 088.8	7	迪拜 / DXB	251.5	台北 / TPE	281.2
8	上海浦东 /PVG	7 615.3	8	多哈 / DOH	221.6	洛杉矶/ LAX	269.2
9	巴黎夏尔 · 戴高乐 /CDG	7 615.0	9	台北 /TPE	218.2	东京成田 / NRT	264.4
10	达拉斯—沃斯堡 /DFW	7 506.7	10	东京成田 / NRT	210.4	多哈 / DOH	262.0

（数据来源：国际机场协会 ACI[3]）

[3] 因客运量受疫情影响波动较大，采用疫情前 2019 年数据。

（二）打造枢纽经济核爆点，有利于激发上海高质量发展动力活力

大力发展枢纽经济是全球枢纽发展趋势所在。纵观国内外临空地区，基本都围绕功能和空间的双向拓展而成为所在城市新的经济增长极。功能拓展方面，不断集聚高即时性、高附加值产业，从关注机场本体运营转变为关注货运、产业和人流的需求，成为能够对客流、物流、信息流、资金流等要素进行时空配置的枢纽经济区。空间组织方面，从圈层拓展演变为廊道引领的发展模式，进而融入城市整体空间格局，成为综合性的聚流与辐射节点。

大力发展枢纽经济也是新时期上海高质量发展的内在需求和融入新发展格局的重要举措。抓住世界级开放枢纽的建设机遇，东方枢纽可以依托国际化的基本服务属性、客货并重的航运服务优势、大飞机总装的发展基础和毗邻张江科学城的区位条件，**发展以航空制造和航运服务为主的城市功能，成为专业性和特色型的枢纽经济核爆点**。具体而言，以东方枢纽为战略引擎，集聚高能级企业、机构、平台，强化全球资源配置、科技创新策源、高端产业引领等功能，为上海提升全球城市能级注入新动能；空间上以廊道联动临港新片区、张江科学城等战略地区，融入主城区，辐射沿海发展轴，助力“中心辐射、两翼齐飞”市域空间格局的优化（见图 2-1）。

（三）打造制度型开放试验田，有利于引领上海更高层次、更高水平开放

“双循环”新发展格局下，追求更大范围、更宽领域、更深层次的对外开放是国家对上海、对浦东提出的更高要求。而以特殊功能区建设为抓手，小范围试点形成示范，将支持上海成为国内大循环中心节点和国内国际双循环战略链接，推动浦东引领区成为更高水平改革开放开路先锋。**国际一流特殊功能区的发展都经历了开放程度不断加深、开放范围不断扩大的过程**。新加坡、迪拜等自由贸易港从商品、要素流动型开放开始，随着自由贸易政策的深入和自贸区范围的拓展，进而转向制度型开放，最终成为相关领域国际规则的制定者。

东方枢纽位于浦东引领区中部，**周边地区拥有多个特殊功能区的集成优势**，包括自由贸易区临港新片区机场南片区、浦东机场综合保税区、洋山特殊综合保税区等（见图 2-2），并在贸易、投资、资金、人员便利化等方面形成了多项开放创新政策，发挥着制度创新的“领头雁”作用。在此基础上，随着开放枢纽建设的深入、全球资源配置功能的发挥，市委、市政府提出建设东方枢纽国际商务合作区[4]。东

[4] 上海市第十六届人大常委会第八次会议对《上海市推进国际贸易中心建设条例（草案修订）》（简称草案）进行审议。草案指出，本市建设东方枢纽国际商务合作区，按照国家部署实施以境外人员跨境流动为核心的便利措施，促进高水平国际商务交流合作，打造国际开放门户枢纽的标志区域。

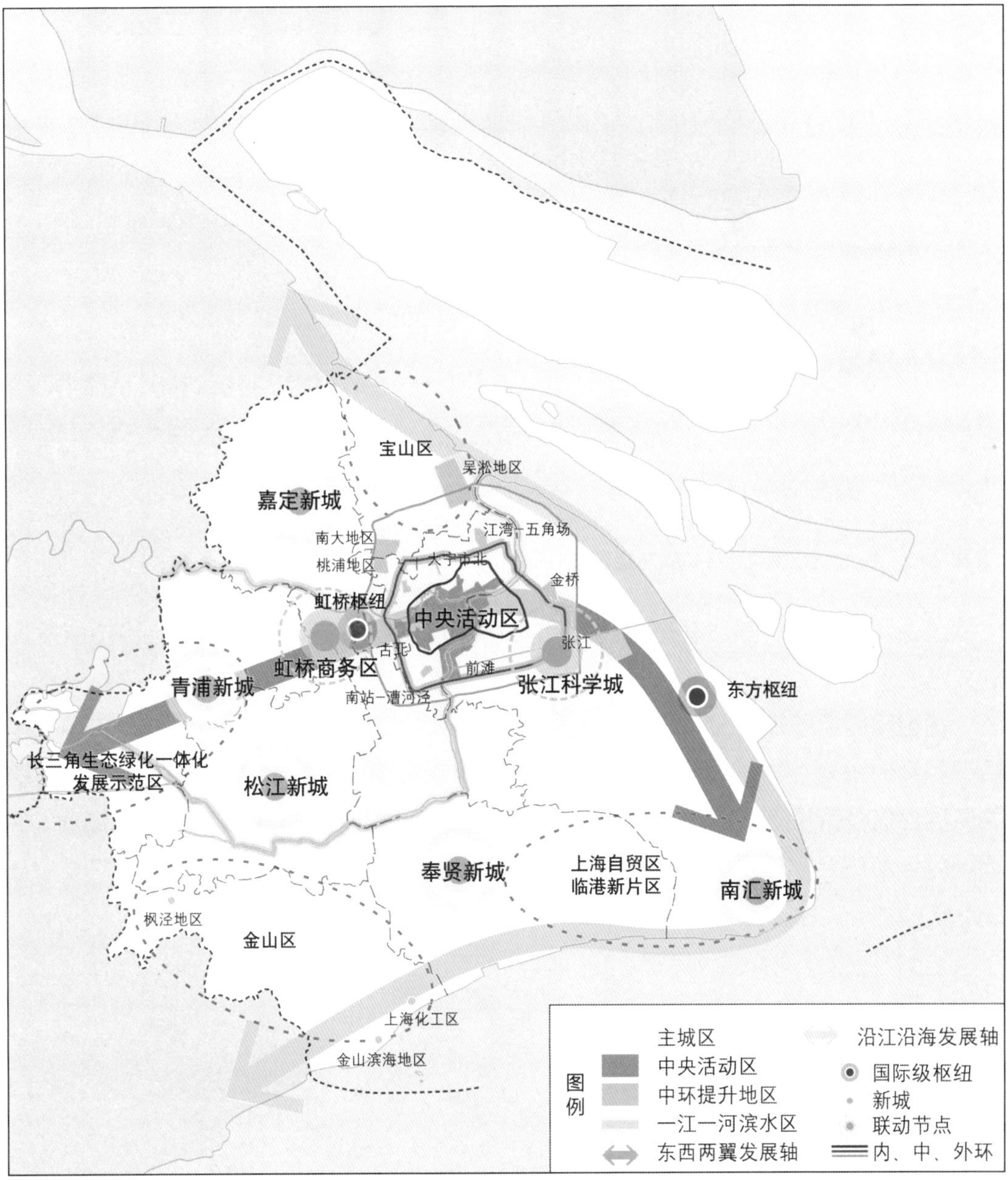

图 2-1 “十四五”上海市域功能布局图

（图片来源：《上海市国民经济和社会发展第十四个五年规划和二〇三五年远景目标纲要》）

方枢纽将通过集聚国内外创新人才、统筹在岸与离岸业务、引领国内企业“走出去”发展壮大，提升上海参与国际规则构建的能力，增强在国际大循环中的话语权，从而引领上海迈向更高层次、更高水平开放。

图 2-2　东方枢纽周边地区特殊功能区布局图

二、现实挑战与关注重点

新的起点上，对照“世界级开放枢纽、枢纽经济核爆点和制度型开放实验田”的总体要求，重新审视东方枢纽及其周边地区发展基础，可以发现在交通链接、经济功能、开放格局等方面尚存在短板和不足。

（一）聚焦枢纽链接功能，辐射网络完整性和功能组织效率有待提升

强化国内国际两个扇面链接、提升全球和区域辐射力是建设世界级开放枢纽的重要前提，其中辐射网络的完整性和功能组织的高效是决定链接功能发挥的关键要素。

辐射网络完整性方面，受制于航权[5]开放度、地理区位、空域条件、主航司航线组织和运力统筹能力等因素，**浦东机场面向国际扇面的国际联通度和洲际航线网络的通达性仍有待提升**（见图 2-3）。作为衡量航空枢纽价值的核心指标，目前浦东机场国际连通度全球排名 25 位（见表 2-2），国际通航点、航线数量等总量有限，与

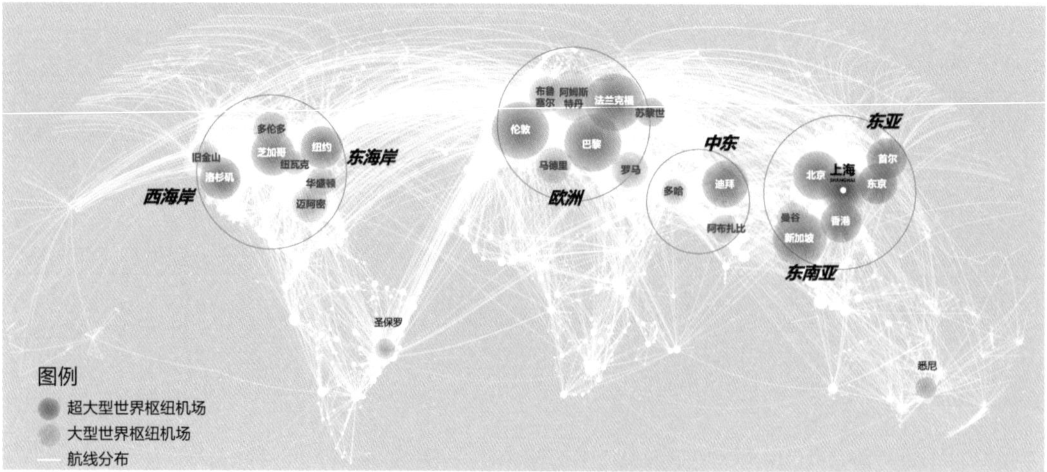

图 2-3　航空枢纽航线分布图

（数据来源：openflights.org）

[5] 航权被称为“空中自由度”，指国际航空运输中过境和运输的权利。开放的航空政策是推动航空运输业的发展、驱动城市发展定位全方位重构的关键要素。当前浦东机场主要对“一带一路”国家部分开放了第五航权。参考文献：中国民用航空局 . 航权专题 [OL].（2015-11-30）http://www.caac.gov.cn/GYMH/MHBK/HQZT/.

表 2-2　2019 年 OAG 全球超级枢纽机场指数[7]

	连通度[8]		主基地航司	
	排名	数值	名称	航班比重
希思罗机场	1	317	英国航空	51%
法兰克福机场	2	309	汉莎航空	63%
史基浦机场	4	279	荷兰皇家航空	52%
戴高乐机场	7	250	法国航空	50%
亚特兰大机场	8	247	达美航空	79%
羽田机场	22	178	全日空航空	37%
浦东机场	25	163	东方航空	28%
首都机场	36	137	中国航空	40%

（数据来源：OAG aviation）

世界主要经济体之间的联系较国际顶尖航空枢纽仍有一定差距[6]。此外，**辐射长三角的对外联通方向上也存在一定短板**。目前规划上海东站主要衔接沿海通道方向，可通过东西联络线等实现与沪杭、沪湖等通道衔接，但与上海最主要对外通道的沪宁通道缺乏直接快速联通，削弱了国际门户枢纽的战略链接价值。

功能组织效率方面，2019 年浦东机场旅客中转率约 12.2%，**国际旅客中转占比较低**，距离“上海 2035”规划的 19% 的目标值仍有较大提升空间，也低于多数国际顶尖航空枢纽 25% 以上中转率的数值[9]。铁路方面，上海东站**直接联通长三角区域的铁路线路标准偏低**，既有规划缺少设计时速 350 千米 / 小时的高等级线路接入[10]，面向长三角区域的链接效率受到制约。同时，也缺乏与中心城特别是中央活动区的快速直联通道[11]，例如目前浦东机场至中心城最快集散方式为既有磁浮线，

6　浦东机场 2019 年开通全球 51 个国家、280 个城市航线网络、国际航点数 142 个，国际航班出港平均周频为 6 979 班 / 周，其中东北亚及东南亚市场占据了 60% 的座位运力份额，欧洲和北美占据 29%。伦敦希思罗机场通航国家 78 个，国际通航点 460 个，国际航班出港平均周频为 9 983 班 / 周。2019 年韩国仁川机场完成欧洲和北美市场约 21 万架次，在对外航线中的架次占比约 51%。数据来源：飞友科技航班计划数据、中国民航大学课题组。

7　OAG 超级枢纽指数：对机场规模的衡量，包括服务目的地的数量，以及一天中在入境航班抵达 6 小时内机场运营的国际转接航班的数量。

8　机场连通性指数：基于全年最繁忙一天的 8 小时时间窗口，计算所有备选机场的所有可能连接，基于区域位置和飞机类型只考虑单一连接航线，在线和联运的连接包括所有类型的定期航班航空公司（包括传统航空公司和低成本航空公司）。

9　希思罗机场中转率 26%、戴高乐机场 33%、香港机场 29.9%、新加坡机场 27.7%、东京成田机场 15.8%、迪拜机场 49.3%。数据来源：邹静韵．关于提升浦东机场枢纽中转效率的几点思考 [J]．民航新型智库，2021（11）.

10　规划直接接入东方枢纽上海东站的国铁线路是沪苏通铁路二期，其设计时速为 200km，设计时速 350km 标准的沪渝蓉高铁、沪乍杭高铁等需要衔接沪苏通铁路二期接入上海东站。

11　目前浦东机场至中心城最快交通方式为磁浮线，既有磁浮线由浦东机场至龙阳路，因其没有深入中心城核心区域特别是浦西地区中心，且服务频次不足，疫情前日均客流量约 1 万人次，占浦东机场客流集散比例不足 5%。

但磁浮线由浦东机场至龙阳路，没有深入中心城浦西地区中心。另外，东方枢纽由上海东站和浦东机场组合形成，两者地理空间紧邻，但与北京大兴机场空铁可在一个枢纽综合体内实现直接换乘不同，上海东站站体与机场航站楼之间有 3～5 千米的空间分离，仍需要通过其他交通方式进行转换衔接，因此未来应**重点考虑如何构建高效一体的空铁联运方式**。

（二）聚焦枢纽经济引领，匹配枢纽特质的功能体系有待构建

国际化的基本服务属性、客货并重的航运服务优势以及大飞机总装的发展基础是东方枢纽周边地区的独特基因，但是目前周边地区产业的系统谋划和培育不足，整体发展滞后，与枢纽能级不相匹配。

航空物流方面，2021 年东方枢纽航空货邮吞吐量达 398.3 万吨，仅次于美国孟菲斯和中国香港。东方枢纽在航运规模方面积累了先发优势，**辐射服务长三角的供应链中心地位初步显现，但是综合服务功能方面仍有明显差距**。临空经济注重“即时价值”，香港机场货物可在运抵 3 小时之前办理清关手续，新加坡樟宜机场货运中转时间约 24 小时，而在上海货运中转时间约 48 小时。浦东机场通关效率处于低位，加之上海全货机时刻只开放 0 点到 6 点，难以高效编排枢纽航线网络，运行成本也较香港、仁川机场偏高，货运中转效率较低。此外，东方枢纽承担了面向建设国家空港型物流枢纽的职责使命，但是在冷链仓储、快件设施等方面建设相对不足，设施集成度较低，且国际贸易“单一窗口”物流、海外仓共享、跨境电商等新型服务业态也谋划不够。

航空制造方面，上海航空产业已经形成了以浦东新区为主的“2+X”空间格局，其中东方枢纽周边布局有商飞总装基地及试飞中心，并形成一定的产业集聚。但商飞作为掌握关键环节的“链主”企业，**对标波音所在的西雅图、空客所在的图卢兹等世界级航空城，以商飞总装为核心的创新生态整体谋划和要素统筹还有待加强**。全市目前共有高等院校、科研院所、其他创新平台、协会联盟等创新机构约 15 家，但东方枢纽周边目前仅有国家商用飞机产业计量测试中心、国家商用飞机制造工程技术研究中心 2 家，创新机构严重不足，且功能单一，缺乏聚焦总装细分领域的设计研发等创新机构，以及与之相匹配的航空制造产业集群（见图 2-4）。

（三）聚焦枢纽开放格局，政策试点突破和系统集成有待创新

“新时代国际开放门户枢纽新标杆”的打造，离不开政策的支撑与保障。其中**既有探索航权开放、促进空铁一体化的现实诉求，又有顺应“集聚全球要素、配置全球资源”的更高要求**，如何发挥国际门户枢纽优势，促进创新人才交流，提供跨境

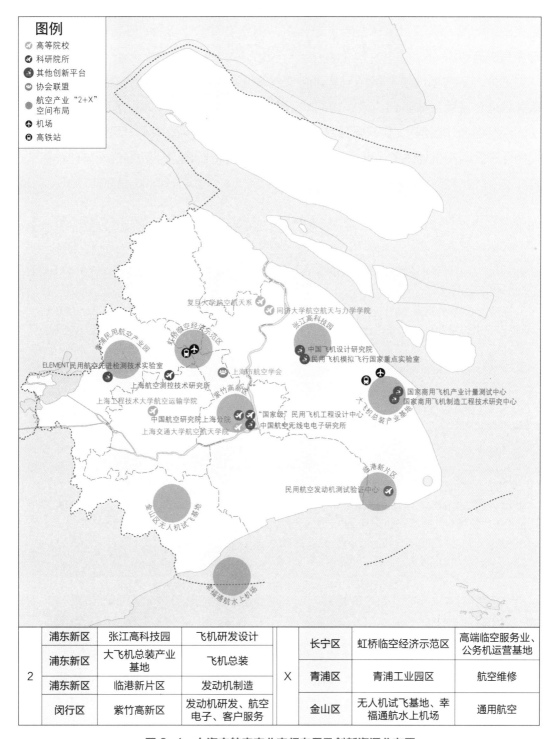

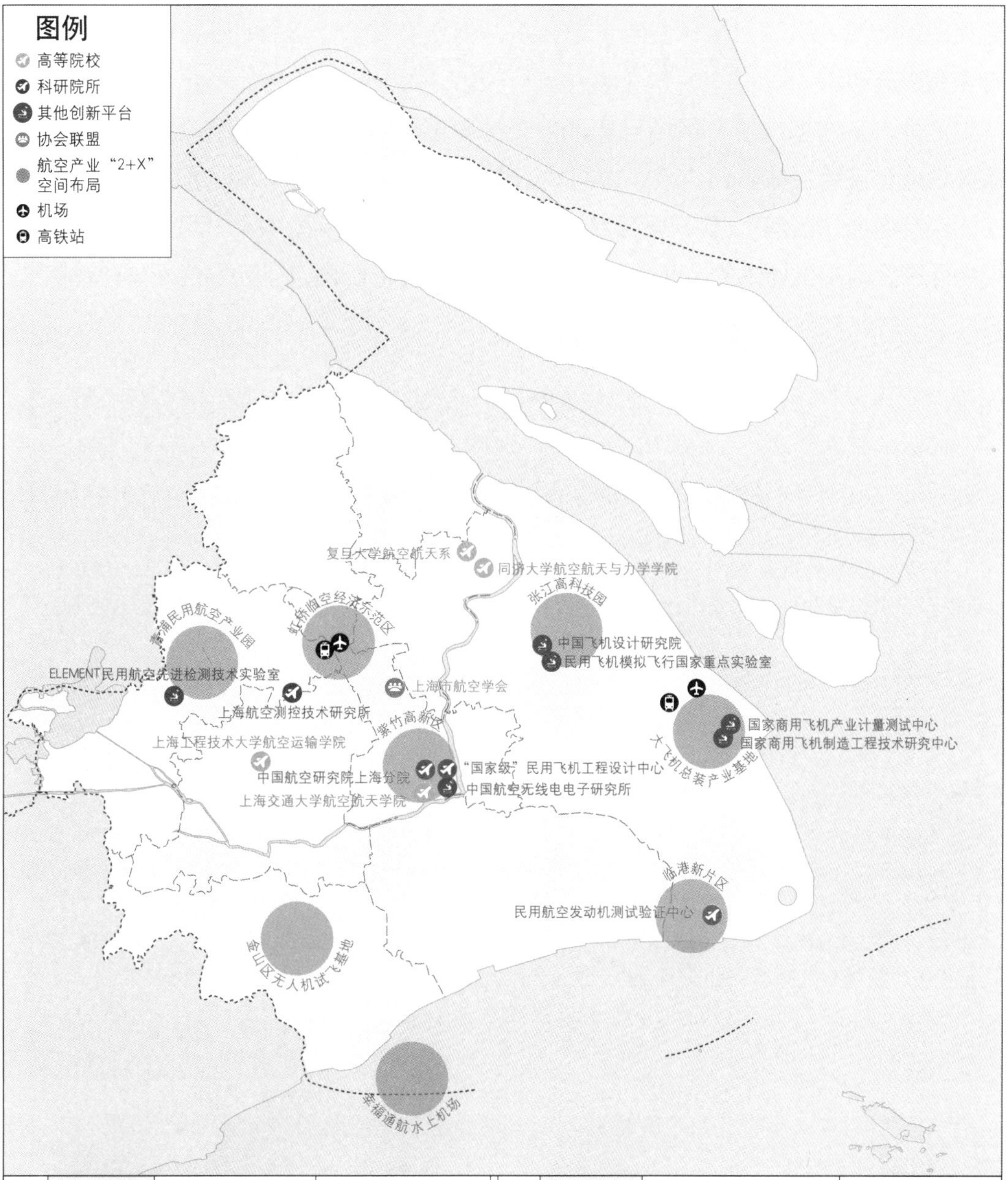

2	浦东新区	张江高科技园	飞机研发设计
	浦东新区	大飞机总装产业基地	飞机总装
	浦东新区	临港新片区	发动机制造
	闵行区	紫竹高新区	发动机研发、航空电子、客户服务

X	长宁区	虹桥临空经济示范区	高端临空服务业、公务机运营基地
	青浦区	青浦工业园区	航空维修
	金山区	无人机试飞基地、幸福通航水上机场	通用航空

图 2-4　上海市航空产业空间布局及创新资源分布图

[来源:《上海市产业地图(2022)》]

金融、跨境法律、国际仲裁、跨境咨询等专业服务，均需探索更大程度开放，给予更大政策支撑，以吸引全球要素资源在东方枢纽及周边地区便利进出、高效增值和安全有序流动。

此外，东方枢纽所在区域已集聚多个特殊功能区，但是**各特殊功能区之间产业相关性低，监管主体多元，政策协同联动性较弱**。以临港新片区机场南侧地块为例，空侧直接连通“区港”，但机场红线卡口外为新片区保税区，属洋山港海关监管，机场内保税区则由机场海关监管，“区港”监管模式有待明确，以期形成一体化优势。

专栏：迪拜世界中心机场与周边自贸区[12]

迪拜世界中心机场是迪拜第二座国际机场，2013 年启用，至城市中心约 30 千米，至迪拜港约 15 千米。迪拜机场周边自贸区由杰贝 · 阿里自贸港区、迪拜物流园区、国家工业综合体、迪拜工业城组成，总计约 102 平方千米。

杰贝 · 阿里自贸港区对迪拜 GDP 的贡献超过 30%，区内企业数量达 7 000 多家，包括上百家世界 500 强企业，以及超过 1 600 家国际公司，涵盖珠宝加工、工程材料、IT 电信、生物制药、石油化工、时装等产业。同时，自贸港区内设置不同主题自由贸易园区，包括珠宝城、媒体城、汽配城、保健城、花卉中心、迪拜硅谷等贸易园区，使得迪拜航空城成为欧亚高端消费品的货物贸易转运中心。

迪拜物流园区通过快速物流通道与杰贝 · 阿里自贸港区相连，由于货物在海港、自贸港区、迪拜物流园区和国际机场的范围内自由流动，无须多次报关，因此，迪拜的“一体化物流平台”吸引了国际企业如亚马逊在此设立“转运中心”和“分拨中心”。

迪拜杰贝 · 阿里自贸港区和迪拜物流园区带动迪拜从区域物流向全球供应链发展。在世界一流航空基础设施和成熟的港口网络的支持下，迪拜被视为通往非洲、欧洲市场的绝佳中转点。迪拜机场周边自贸区具备信息港功能，成为综合运筹国际贸易和物流信息的资源配置中心。全球商品流、资金流、信息流、技术流、人才流等生产要素可以通过迪拜自贸区快速流通，使其从港口服务的被动提供者，转型为国际贸易生产要素配置的组织者、参与者。

三、对策与建议

新的征程上，应进一步聚焦双循环战略需求，发挥东方枢纽的链接价值，在提升辐射能力、强化功能引领等方面增强对策供给，并通过打造创新示范的航空城，推动地区的功能完善和空间重塑。

[12] 牟凯 . 关于机场自由贸易港区发展的借鉴与思考 [OL].（2021-11-2）.
中国南海研究院 . 迪拜、新加坡成功经验的宝贵启示 [OL].（2019-7-25）.

（一）完善内外交通链接网络，提升区域辐射能力

探索研究浦东机场扩大航权开放的可行性，密织洲际航线网络。航权开放是建设全球性航空枢纽、增强国际联通功能的重要支撑，但当前浦东机场仅对“一带一路”部分国家开放了第五航权。建议学习借鉴海南自贸港第七航权[13]的试点经验，积极争取扩大开放第五航权，并探索第七航权的适度开放。同时，积极拓展国际通航点，吸引相关国家和地区航空公司开辟经停航线，探索引入外国航空公司航线增加航空网络结构完整性。此外，合理优化空域和航班资源，提高空域管理效率，提升基地主航司航线组织效能，推动浦东机场与周边机场优势互补、错位协同。

健全高等级内外通道布局，增强网络辐射效能。加强上海大都市圈城际轨道交通通道合理组织，打通沪宁方向与东方枢纽的直通直达；提升东西联络线的区域链接功能，推动沪苏湖高铁通道的引入，形成链接长三角一体化示范区、浙北、皖南等地区并可衔接京港通道的对外大动脉；前瞻研究新增高铁通道接入上海东站的可能性，加快谋划至宁波、舟山方向的通道规划建设，完善沿海大通道南北向走廊功能；优化布局东方枢纽与中心城区、“五个新城”核心区的快速联系通道。

强化空铁联运组织，提升枢纽中转效率和品质。针对上海东站站体与机场航站楼空间分离的现实，强化上海东站航空功能植入，并逐步做实上海东站空侧航空模块，增强空铁一体化的无感换乘和链接效率。优化上海东站和浦东机场枢纽内部运行流程，突出空间品质和舒适度营造，创新服务举措和流程优化，提高客流组织效率，推进安检互信，提升枢纽内部旅客出行的体验感。

（二）加快核心功能构建，实现标志性产业链增链强链

推动航空物流量质齐升，建设国家空港型物流枢纽。夯实航空货运既有优势，鼓励基地主航司打造“超级承运人”，发展航空中转业务，做强国际航空货运。拓展航空货运细分领域，推动航空货运从普货向跨境电商、冷链物流、块间业务等高附加值产品转型，率先谋划新型物流服务与物流平台。推进浦东机场“超级货站”建设，提高枢纽内部货运周转效率。完善航空货运集疏运体系，协调机场货运、产业货运、生活货运等多类型货运系统，实现客货运分离和货运系统的有效组织。

以自主可控抢占高端环节，打造航空制造产业集群。发挥东方枢纽航空制造的总装集成优势，加速集聚配套机构与产业项目。**坚持创新驱动**，以提升国产化率为

[13] 第七航权：指完全第三国运输权，即本国的航空公司能在其本国领土以外经营独立的航线，在境外两国间载运客货的权利。

目标，联动张江、大零号湾等创新平台，引入更多应用导向的高校、科研机构及技术学校，打通“策源—孵化—转化—应用”的技术应用型创新链。**强化上下延伸**，完善航空制造和航空服务产业集群，以提升总装配套效率为目标，引导机载系统、内饰内设等相关配套产业集聚。同时，依托邻近机场空侧及特殊综保区优势，导入航空金融、MRO（飞机维修）等高端业态。

强化服务前厅与总部经济功能，提升全球资源配置能力。积极谋划国际商务合作区以“境内关外”模式进行管理，人员与商品在国际商务合作区内不视为入境，以“服务前厅”联动临港新片区、陆家嘴金融集聚区。近期以国际会务、跨境办公、国际会展、商业文旅等功能为主，远期聚焦商务活动相关的金融、仲裁、会展、医疗、体育竞技等服务业领域，力争在对接国际规则和标准上取得重大突破。打造跨国公司区域总部高地，集聚全球国际金融机构、全球研发机构、国际经贸组织等功能性机构，积极争取纳入“丝路电商”合作先行区，扩大电子商务领域对外开放，打造数字经济国际合作新高地，探索建立全球资源配置下有效交易市场大平台。

（三）建设创新示范的航空城，推动地区功能完善与空间重塑

借鉴史基浦机场、仁川机场、迪拜世界中心机场、大兴机场等世界级枢纽经济区，顺应绿色、低碳、智能、韧性等发展趋势，**探索打造以东方枢纽为核心的航空城**。

探索建立航、港、站、区一体化的管理机制。统筹区域内各开发建设主体及各特殊功能区，推动地区发展的整体谋划、统筹推进与系统集成；鼓励各方平台互联互通，探索对接的标准化与具体化，促进铁路、机场、海关、保税区、运输营运企业、跨境电商平台等信息共享，推动全球资源要素在航空城内自由流动，提升高质量发展辐射能力。

图 2-5　航空城空间层次示意图

形成由“核心区—主功能区—拓展区”构建的航空城空间体系（见图 2-5）。核心区围绕上海东站布局满足国内外不同客群的枢纽服务；主功能区以文化、研发以及配套居住功能等为主；拓展区以航空物流、航空制造为重点，布局研发、制造等功能。此

外，应进一步**强化廊道引领与区域空间共构**，加强与张江科学城、临港新片区的空间联动，并沿主要交通走廊做好空间预留，以应对未来发展的不确定性。

重点打造多维立体、站城融合的枢纽核心区。核心区构建以国际交流交往为主导的娱乐综合体、商务办公、会议培训和特色酒店等功能，打造国际消费、旅游休闲和会议交流目的地；同时，兼顾周边地区服务，完善商业、游憩等功能，打造交流交往活力高地。秉承高品质链接，强化枢纽本体与站前区建筑群空间的一体化设计，打造站、场、城一体，功能复合、空间融合、运营高效、使用便捷的门户枢纽。延续城市门户的空间概念，保证城市展示面和视线通廊，着力营造“站城融合、城景交融”的高品质环境，以特色鲜明的景观形象强化新时代国际门户枢纽地区意象。

长江三角洲肩负着推进更高起点的深化改革、更高层次的对外开放等新使命，为更好服务国家战略落地和支撑区域人口、经济、空间布局优化，亟需加快区域一体化城际交通网络的建设，全方位提升综合运输效能。2019 年，在杭州湾跨海大桥通车十年之后，中共中央、国务院印发的《长江三角洲区域一体化发展规划纲要》明确提出规划建设东海二桥、沪舟甬等跨海通道，推进沪甬的规划对接和前期工作。跨海通道的建设是加快建设海洋强国和交通强国，深入实施区域协调发展战略，加快构建多向立体、内联外通的综合运输通道的重要举措。随着长三角一体化发展战略加速实施，杭州湾地区交通基础设施建设持续推进，但仍然存在区域交通格局不完善、跨海通道统筹推动力度不强、杭州湾地区协同发展与世界级湾区还有差距等问题。为充分发挥杭州湾地区比较优势，积极融入和服务构建新发展格局，推动长三角发展取得新突破，提出完善国家沿海通道功能、强化跨海通道高效衔接，以优化杭州湾地区综合交通体系，进而推动交通、产业与空间协同的建议。

CHAPTER 3

第三章

战略谋划杭州湾跨海通道，推动区域交通格局优化

跨海通道的建设是加快建设海洋强国和交通强国，深入实施区域协调发展战略，加快构建多向立体、内联外通的综合运输通道的重要举措。2022 年，杭州湾公路跨海通道纳入《国家公路网规划》，铁路通道成为目前研究的重点。2023 年，习近平总书记主持召开深入推进长三角一体化发展座谈会，要求加强各类交通网络基础设施标准跨区域衔接，提升基础设施互联互通水平。因此，以国家重大战略为牵引，审视杭州湾地区发展中存在的薄弱环节和瓶颈，战略谋划杭州湾跨海通道，推动区域交通格局的优化。

一、背景与战略意义

长三角一体化发展上升为国家战略，肩负着推进更高起点的深化改革、更高层次的对外开放等新使命。杭州湾是长三角地区的重要组成部分（见图 3-1），也是上海大都市圈重要的战略协同区[1]。

（一）杭州湾地区是强化区域联动发展的重要战略空间

长三角地区是我国经济发展最活跃、开放程度最高、创新能力最强的区域之一，在国家现代化建设大局和全方位开放格局中具有举足轻重的地位。而**处在新发展格局中的杭州湾地区，也被赋予了新的期望和要求**。2016 年，《中华人民共和国国民经济和社会发展第十三个五年规划纲要》提出“推动粤港澳大湾区和跨省区合作平台建设”。建设粤港澳大湾区是习近平总书记亲自谋划、亲自部署、亲自推动的国家战略[2]。**继粤港澳大湾区之后，2017 年浙江省也提出了“大湾区”的建设构想**[3]。2019 年 12 月，中共中央、国务院印发的《长江三角洲区域一体化发展规划纲要》，**更是明确要求发挥浙江特色优势，“大力推进大湾区大花园大通道大都市区建设”**。杭州湾地区将通过进一步提高经济集聚度、区域连接性和政策协同效率，强化作为区域联动发展重要战略空间的关键作用。

（二）推进杭州湾跨海通道有利于深入实施区域协调发展战略

杭州湾跨海通道是区域重大交通基础设施建设中具有全局意义、长远意义和战略意义的项目（见图 3-2），**将畅通交通大动脉，加速形成杭州湾地区协同发展新格**

[1]《上海大都市圈空间协同规划》提出环太湖、淀山湖、杭州湾、长江口和沿海五个战略协同区。

[2] 2023 年 4 月，习近平总书记在广东考察时指示：“使粤港澳大湾区成为新发展格局的战略支点、高质量发展的示范地、中国式现代化的引领地。”

[3] 中国共产党浙江省第十四次代表大会工作报告 . 2017 年 6 月 12 日 .

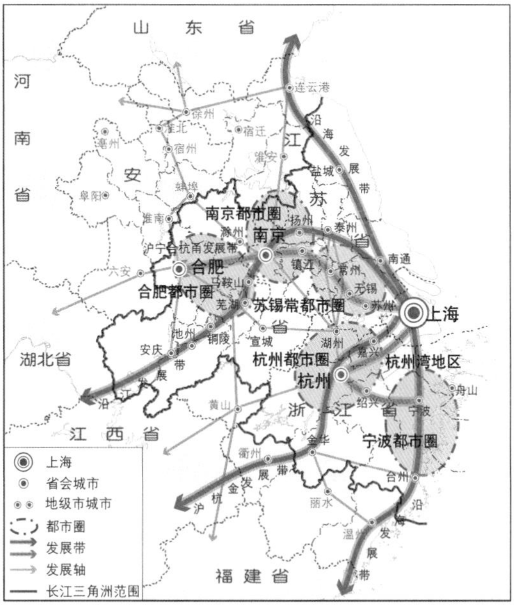

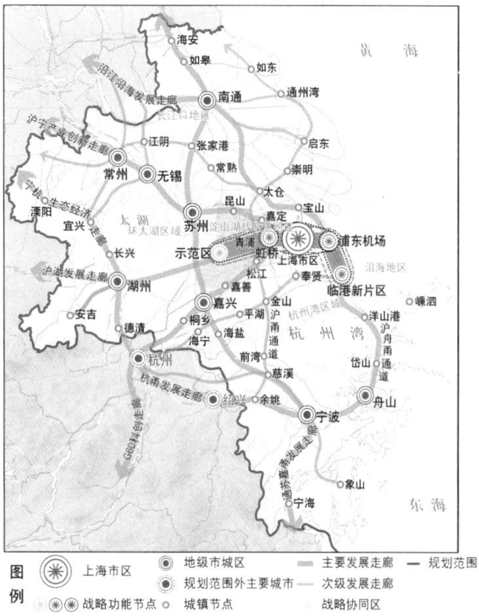

图 3-1　杭州湾在长三角城市群空间格局中的位置示意

（图片来源：《长江三角洲城市群发展规划》）

图 3-2　杭州湾跨海通道示意

（图片来源：《上海大都市圈空间协同规划》）

局。港珠澳大桥的开通有力地推动了粤港澳大湾区经济和人口流动，香港和珠海共同建设粤港科技创新走廊，香港和澳门共同推进湾区服务业发展，提升了整个地区的竞争力。2011 年，舟山群岛新区成立，此后承担外向型经济功能的上海和浙江自由贸易试验区相继挂牌，浙江省设立了杭州钱塘新区、宁波前湾新区、绍兴滨海新区等省级新区。杭州湾地区将通过充分发挥跨海通道的时空压缩效应，催化提升上海和区域创新功能和能级，提高创新要素的流动和配置效率，促进在制造业、服务业、科技创新等领域的合作与交流，形成更具活力的经济区。

港珠澳大桥开通 5 年来，经港珠澳大桥珠海公路口岸的进出口总值达到 7 379.3 亿元，货物所涉及的国家（地区）由 2018 年的 105 个增长至 235 个[4]。**在重塑区域竞争优势的战略机遇期，规划建设杭州湾跨海通道将升级流通网络，加快全国统一大市场建设**。这既是上海国际航运中心建设的现实需要，也是以跨岛一体化建设打造舟山现代海洋节点城市、提升宁波与区域联通能力的战略选择。一方面，将推动港航资源整合，促进世界第一大集装箱港上海洋山港和世界第一大货运港宁波舟山港错位发展、互补发展、联动发展。另一方面，将加快海洋强国建设，推动上海、浙江自由贸易试验区的融合发展，加快培育外贸新动能，彰显对外开放桥头堡的地位。

4　港珠澳大桥：连接三地的超级枢纽工程，为大湾区带来了哪些惊人变化？ [EB/OL].（2023-5-16）.

二、存在的主要问题和挑战

杭州湾地区依托区域发展优势，牢牢把握重大战略机遇，将进一步发挥引领创新和聚集辐射的功能，对交通基础设施一体化发展提出了更高要求和更大挑战。

（一）区域交通格局和联系效率还需优化提升

杭州湾地区具有海陆空多维优势，其中铁路和公路是加强城市间联系的重要载体。沪昆高铁和杭甬高铁的开通，使宁波跨入了上海“两小时交通圈”，**但宁波、舟山与上海依然“离得很近，隔得很远”**，铁路出行仍需绕行杭州，未能实现高铁 1 小时通达上海。作为杭州湾跨海通道组成部分的杭州湾跨海大桥（沈海高速公路），使宁波至上海的路程缩短了 120 千米，交通量年均增长达到 8.6%（见图 3-3），是**全国最繁忙的跨海大桥之一**。2018 年日均车流量为 3.3 万辆，2021 年达到 4.75 万辆，2023 年前四个月日均车流量已突破 5.5 万辆，“五一”和国庆小长假首日更是超过 12 万辆，创下历史单日新高[5]。杭州湾跨海大桥目前处于三级服务水平下限，预计 2030 年以后将接近设计通行能力[6]。此外，**航空和水运承担了跨区域对外运输功能，但资源流动和物流运输效率还有待提高**，机场群和港口群的功能协作仍需加强。

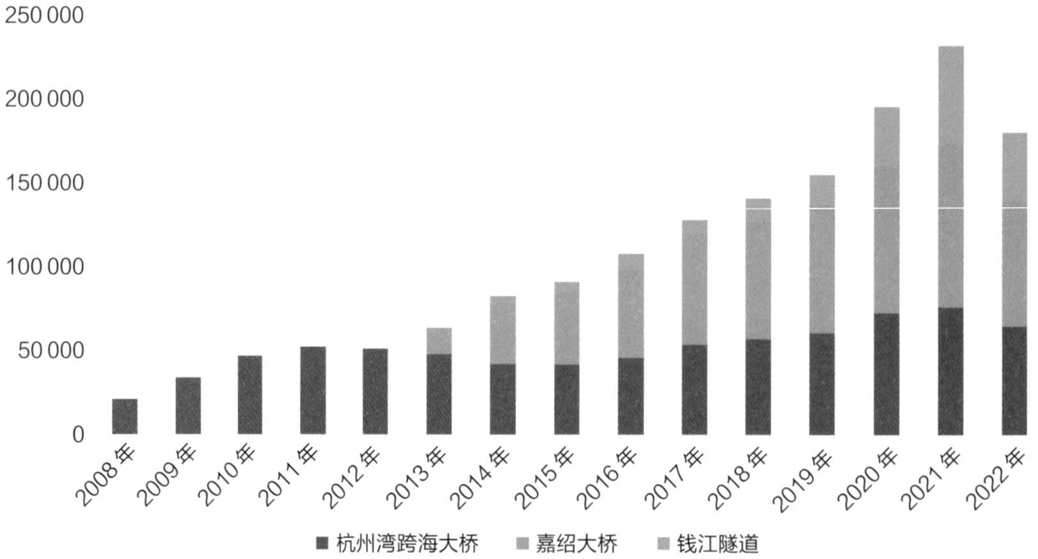

图 3-3　杭州湾过江跨海通道历年交通量变化（单位：PCU/ 日）

（数据来源：宁波市交通局）

[5] 数据来源：中国网 .120298 辆！假期首日杭州湾大桥车流刷新纪录 [EB/OL].（2023-9-30）.

[6] 上海市城市规划设计研究院 . 沪甬跨海通道规划网络衔接方案研究 [R].2020.

（二）跨海通道研究的统筹推动力度仍有待加强

从政府推动的维度看，**杭州湾地区重大交通基础设施的谋划还处于自下而上的推进过程**。2014 年，宁波正式启动谋划沪甬跨海通道。2017 年国务院批复的《上海市城市总体规划（2017—2035 年）》将沪甬跨海通道作为研究通道纳入，舟山方向仅表述为大洋山疏港通道（研究）。**2018 年，长三角一体化上升为国家战略，沪甬、沪舟甬跨海通道开始相继纳入国家及区域层面的相关规划**（见表 3-1）。此后，杭州湾两岸积极推动跨海通道规划建设方案、海域自然条件与用海符合性等前期研究和沟通协调工作。

表 3-1　国家及区域层面规划对杭州湾跨海通道的表述

国家及区域层面规划	公路通道	铁路通道
《长江三角洲区域一体化发展规划纲要》（中共中央、国务院 2019 年）	规划建设东海二桥、沪舟甬等跨海通道	推进沪甬的规划对接和前期工作
《长江三角洲地区交通运输更高质量一体化发展规划》（发改基础［2020］529 号）	规划研究沪甬、沪舟甬、东海二桥	推进上海至宁波铁路规划前期工作
《长三角一体化发展规划“十四五”实施方案》（［2021］第 13 号，推动长三角一体化发展领导小组办公室文件）	深化沪舟跨海通道前期工作	深化沪舟甬跨海通道前期（或研究）工作
《“十四五”现代综合交通运输体系发展规划》（国发［2021］27 号）	规划研究沪甬通道	
《国家公路网规划》（发改基础［2022］1033 号）	杭州湾地区环线 G1531 上海—慈溪	—

杭州湾跨海公路通道在国家规划层面已经稳定，但铁路通道在相关规划中的表述还不尽相同。《浙江省高速公路网布局规划（2021—2035 年）》新增了沪甬和沪舟甬跨海通道，并于 2022 年纳入了《国家公路网规划》。铁路方面，2018 年、2019 年获批的宁波和上海铁路枢纽总图规划提出研究沪舟甬铁路通道，但 2021 年以前的国家及区域层面规划仅提出有序推进沪甬铁路规划前期工作。直到《长三角一体化发展规划“十四五”实施方案》，才提出深化沪舟甬跨海铁路通道前期（或研究）工作。

（三）杭州湾地区协同发展与世界级湾区还有差距

世界级湾区具有高度开放、创新引领、宜居宜业三大共性功能[7]，强化拥海开放、

[7] 吴璟桉，万勇，吴永康．长三角深度一体化背景下环杭州湾大湾区经济发展战略研究 [J]. 上海经济，2019（2）：17-31.

抱湾集聚、合群叠加和连河通陆的空间导向[8]，并**以“同城效应”为目标，着力构筑国际一流的交通集疏运网络体系**。从2008年杭州湾地区环线高速公路（G92）全线通车，到2013年杭甬高速铁路开通运营，再到2022年杭州湾第一条铁路跨海通道（通苏嘉甬高铁）开工建设，**虽然杭州湾地区环线功能不断增强，过江跨海通道持续加密，但该地区在区域中的地位依然得不到凸显**。目前，杭州湾北岸沪乍杭铁路推进滞后、南岸宁波前湾新区等距离杭甬高铁较远，尤其是正在建设中的通苏嘉甬高速铁路偏离了上海“一市两场”和“五个新城”，使得杭州湾地区仍处于“边缘区域”，制约了地区能级的整体提升。**此外，“核心—边缘”的发展格局也影响了南北两岸的功能联动，制约了杭州湾地区资源统筹和辐射带动作用的发挥**。纵观国际，纽约湾是全球三大湾区中唯一的“金融湾区”，东京湾定位为“产业湾区”，旧金山湾则发展成为“科技湾区”。以此为对标，杭州湾地区由于高效对流的交通网络尚未形成，潜力地区发展的动能不足，对更具活力的经济区支撑也不够，目前仍以石化、汽车等产业为主导，产业能级和协作水平均有待提升。

三、推动杭州湾地区交通格局优化的建议

世界的触角不断向海洋延伸已成为发展的大趋势，杭州湾地区亟需加快稳定运输通道布局，强化交通高效衔接，推动交通、产业与空间的协同发展，形成“向海而兴”的全新战略态势。

（一）加快稳定系统布局，完善国家沿海通道功能

完善通道功能，提升综合枢纽能级，构建大都市圈综合交通网络，已成为新时代杭州湾地区综合交通发展的重要任务。

1. 作为沿海通道组成部分纳入相关规划

立足国家综合立体交通网和长三角城市群空间格局，建议将沪甬、沪舟甬跨海通道与通苏嘉甬高铁（杭州湾跨海大桥）**共同作为沿海通道的重要组成部分以及长三角城市群的重要城际干线通道**。坚持系统集成、协同高效，需要突出杭州湾跨海通道资源的集约利用，强化公铁复合功能，构建大容量、高品质的综合运输走廊（见图3–4）。

[8] 申勇，周会祥．全球视野下的湾区经济发展战略[J]. 中国经济特区研究，2017（1）：152–159.

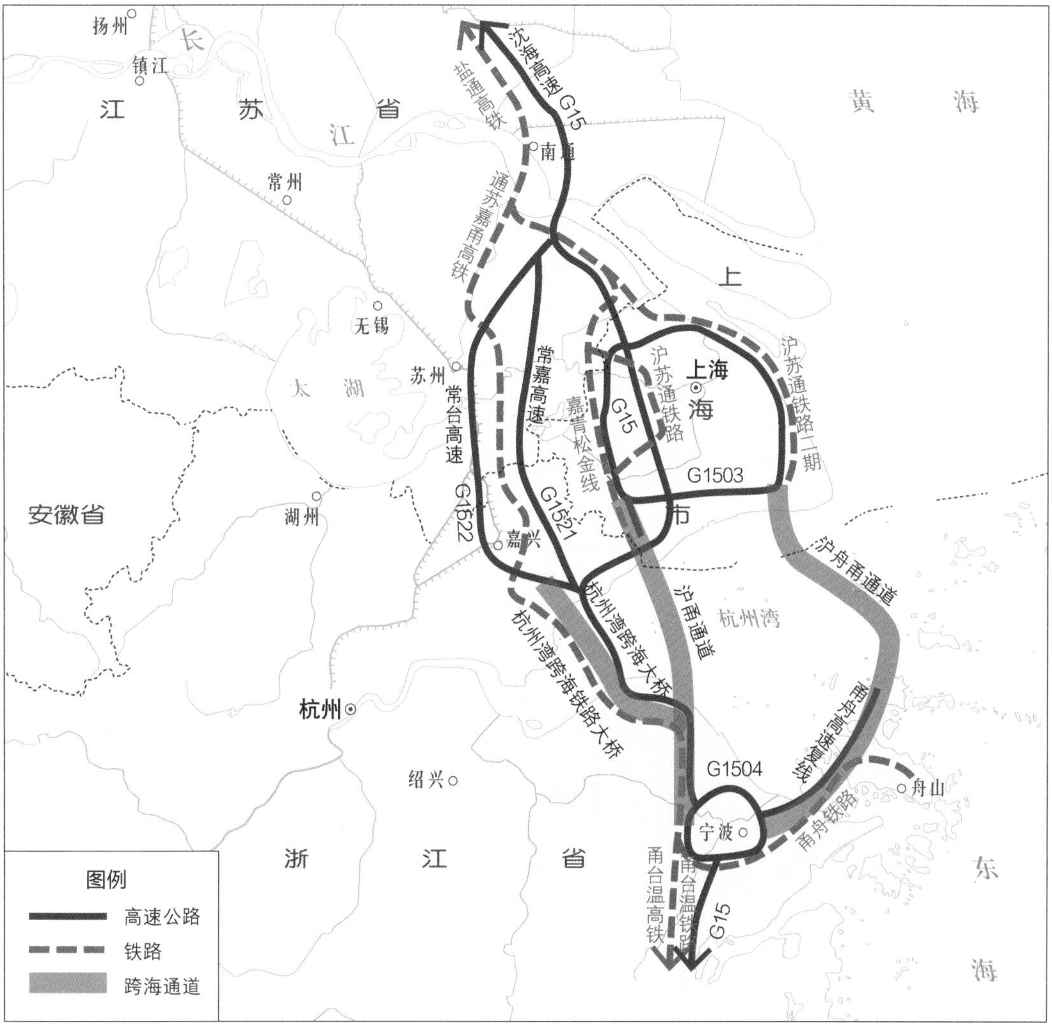

图 3-4　沿海通道（跨杭州湾段）组成部分示意

同时，**建议将跨海通道建设与区域发展紧密结合，差异化“定位”服务功能。**通苏嘉甬高铁（杭州湾跨海大桥）补齐了长三角城际交通南北纵向供给短板，沪甬跨海通道应突出沿海通道服务升级和高速公路通道扩容，而沪舟甬跨海通道将实现杭州湾地区环线闭环并进一步扩大长三角世界级港口群的影响力。此外，建议结合区域交通格局优化和现实发展需求，积极争取将沪甬、沪舟甬跨海通道有序纳入国家《中长期铁路网规划》修编和地方铁路枢纽总图规划修编。

2. 积极做好杭州湾跨海通道资源战略预留

杭州湾跨海通道作为公铁复合通道，实施难度较大，规划建设不仅要考虑工程本身，还要考虑岸线、水域及环境等要素。**建议国家相关部委和杭州湾两岸城市联**

手，深入开展建设方案论证，推动铁路、公路线位统筹和断面空间整合，并按照“功能满足需要、系统衔接科学、空间弹性预留”的原则，协同不同层次的国土空间规划，做好建设空间预留和时序安排。

粤港澳大湾区综合立体交通网络建设是不断加速推进的，作为珠三角环线高速公路南环段的港珠澳大桥于 2018 年率先通车，作为改变粤西地区至深圳必经虎门大桥格局决定性举措的深中通道将于 2024 年建成，伶仃洋通道目前正在结合区域社会经济和运输需求开展前期工作（见图 3-5）。沪甬跨海通道两端城镇能级较高、交通需求强烈，且可高效衔接上海“五个新城”和多个枢纽，沪舟甬跨海通道则连接上海港和宁波舟山港两大世界级港区，并可实现杭州湾地区环线一次性闭环。因此，**杭州湾跨海通道建设时序的选择，应优先考虑其战略驱动作用的发挥，并持续推动区域交通格局优化**。

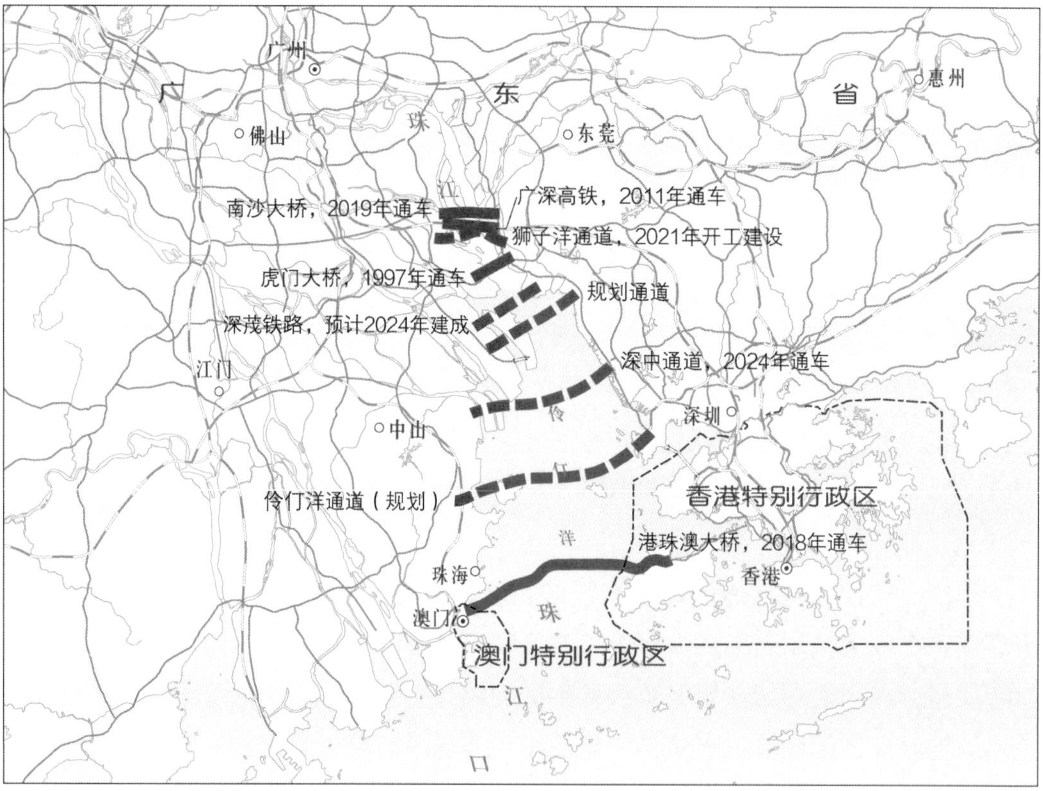

图 3-5　粤港澳大湾区过江跨海通道布局及实施情况示意

（二）强化跨海通道高效衔接，优化湾区综合交通体系

为充分发挥杭州湾跨海通道对区域交通格局的优化作用，需要加强与湾区综合交通网络的高效衔接，深入推进运输服务升级。

1. 构建“纵贯南北、环通湾区”的交通格局

随着长三角区域空间格局步入网络化发展阶段，杭州湾地区战略地位不断提高，需要加速形成杭州湾两岸高效对流网络。**强化过江跨海通道纵贯南北的通道功能**，在现状 4 条公路通道的基础上，加快建设 2 条铁路通道，规划研究沪甬、沪舟甬通道 2 条公铁复合通道（见表 3–2）。**持续完善环通湾区的公铁复合交通走廊**，依托杭州湾环线高速公路（G92）、杭甬高速复线（G9221），规划建设沪乍杭铁路，研究杭甬城际铁路。**进而推动杭州湾地区从“C”形出海口走向“Φ”形闭环**，塑造湾区发展的核心骨架，持续优化区域空间结构（见图 3–6）。

表 3–2　杭州湾地区南北向过江跨海通道规划建设情况

序号	过江跨海通道	功能定位	备注
1	下沙大桥	杭州湾环线高速（G92）、杭州绕城高速（G2504）、沪昆高速（G60）组成部分	2002 年通车
2	杭州湾跨海大桥	沈海高速（G15）组成部分	2008 年通车
3	嘉绍大桥	常台高速（G1522）组成部分	2013 年通车
4	钱江隧道	苏台高速（S9）组成部分	2014 年通车
5	杭州湾跨海铁路大桥	通苏嘉甬高速铁路组成部分	2022 年开工
6	江东铁路越江隧道	铁路杭州萧山机场站枢纽及接线工程	2023 年开工
7	沪甬通道	沿海通道组成部分，公铁复合通道	规划研究
8	沪舟甬通道	沿海通道组成部分，公铁复合通道	规划研究

2. 强化跨海通道与综合交通网络的立体对接

杭州湾跨海大桥极大地优化了区域高速公路网布局，使浙江东部沿海运输网络得以向北延伸，也使长江三角洲东部地区南北向交通更加顺畅。**绕城高速公路是区域路网的核心转换系统，跨海公路通道应优先衔接绕城高速公路或外围切向线**。在保障沿海通道功能贯通与联系顺畅的同时，可进一步加强其作为长三角城市群重要城际通道的功能，实现与城市内外交通的快速衔接转换，并减少对城市内部交通的冲击。**统筹考虑铁路枢纽的承接能力和均衡服务，铁路跨海通道应多点分散引入**。为进一步服务新发展新格局，应充分发挥沪甬、沪舟甬通道的“联城”和“通港”功能，强化对上海“新城发力”和“两翼齐飞”的支撑作用。建议分别衔接松江南站、临港四团站和上海东站，并充分发挥东西联络线和沪乍杭铁路功能，强化互联互通，实现铁路通道引入虹桥和东方枢纽等，并研究预留沪甬铁路新增始发终到客站的条件。

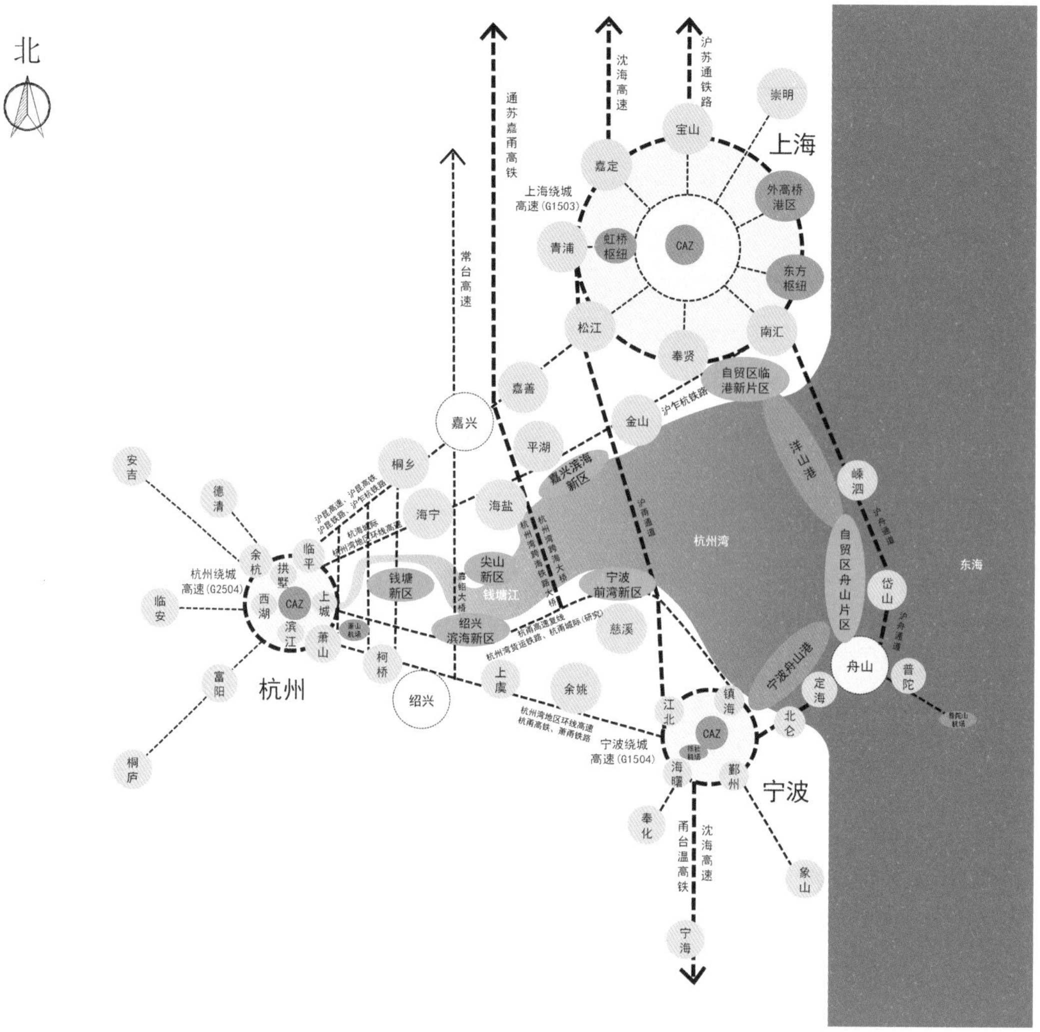

图 3-6　杭州湾地区交通与空间格局示意

3. 推动杭州湾地区世界级机场群和港口群提质增效

提升国际枢纽能级，利用海陆双向开放的区位优势，对接国际和国内“两个扇面”。**充分发挥跨海通道联通两岸的服务功能，推动空铁联运发展。**促进区域航空机场群联动，加快实施铁路杭州萧山机场站枢纽及接线工程，推动跨海通道引入上海浦东、虹桥及宁波栎社机场，实现轨道交通与杭州湾地区主要机场互联互通，形成“轨道上的机场群”。**打造对外开放桥头堡，促进港口运输结构调整。**为巩固和提升上海国际航运中心地位，促进上海、浙江自贸区融合发展，应强化港区合作互补，统筹考虑大洋山的开发，并预留沪舟甬跨海通道支线引入洋山港区的条件。此外，建议加快建设沪乍铁路、杭州湾南岸货运铁路等，并充分衔接沿江、沿海等铁路通道，在提升港口群对内陆地区辐射能力的同时，完善港区集疏运体系、优化港口运输方式结构[9]。

（三）推动交通、空间、产业协同，支撑杭州湾地区发展

抓住规划建设杭州湾跨海通道的战略契机，部署更加系统的战略举措，以支撑区域内部空间关系的重构。

1. 促进战略功能节点融入区域一体化发展

旧金山—奥克兰海湾大桥造就奥克兰成为美国西部交通运输体系中心，并伴随湾区跨海通道出现了新的区域枢纽。建议锚固金山滨海、奉贤（海湾）、四团和慈溪等枢纽，强化与跨海通道的高效衔接，**优化杭州湾两岸枢纽布局形态，并以综合交通枢纽赋能战略机遇区**，形成站—产—城融合发展的功能组团，引导产业和人流的进一步集聚，实现资源要素的强流动与强辐射。

2. 引导特色功能要素沿功能廊道集聚与流动

长期以来，京滨、京叶两大临海工业带一直是东京湾区的制造业核心。20 世纪 80 年代后期，湾内工业地区进入知识技术密集型产业的发展阶段，京滨工业带逐渐形成了“产学研”体系，并成为东京湾区的产业研发中心（见图 3-7）。**建议沿海发展廊道充分发挥沪舟甬通道的“通港”功能**，连接两大世界级港区，并以东方枢纽地区和临港新片区等为战略支点，彰显对外开放桥头堡的地位。**沿湾发展廊道依托功能完备、系统融合的环湾公铁复合通道**，以现有具有发展前景的产业为主导，聚焦智能制造和创新服务功能，进行“补链”“强链”“延链”，着力提升创新能力和竞争力。

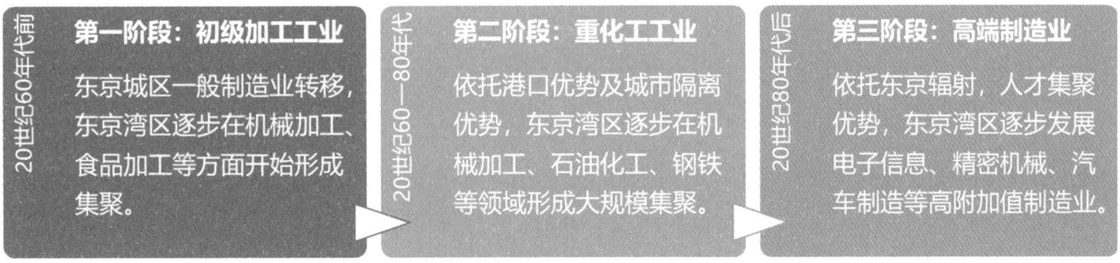

20世纪60年代前
第一阶段：初级加工工业
东京城区一般制造业转移，东京湾区逐步在机械加工、食品加工等方面开始形成集聚。
20世纪60—80年代
第二阶段：重化工工业
依托港口优势及城市隔离优势，东京湾区逐步在机械加工、石油化工、钢铁等领域形成大规模集聚。
20世纪80年代后
第三阶段：高端制造业
依托东京辐射，人才集聚优势，东京湾区逐步发展电子信息、精密机械、汽车制造等高附加值制造业。

图 3-7　东京湾区制造业的三个发展阶段

[9]《关于上海市进一步推动海铁联运发展的实施意见》提出，到 2035 年上海港集装箱海铁联运量要达到 300 万标准箱以上。

文化软实力在当代国家和城市的竞争中的作用越来越突出，多个全球城市力图通过制定文化战略，激发社会经济发展动力，提升城市综合竞争力。以开放、多元为特征的上海文化，是城市发展生生不息的力量源泉。新时期，上海明确了“打造文化自信自强的上海样本，建设习近平文化思想最佳实践地”的目标，文化也被“上海 2035”城市总体规划作为推动城市发展的重要战略支点，提出建设更富魅力的人文之城。当前，上海建设国际文化大都市刚刚起步，与国内外主要城市相比，还存在着诸多不足，有必要借鉴相关先发经验，把握发展趋势，以制定文化战略为引领，深入推进社会主义现代化国际大都市建设。

CHAPTER 4

第四章

加快制定文化战略，
深入推进国际文化大都市建设

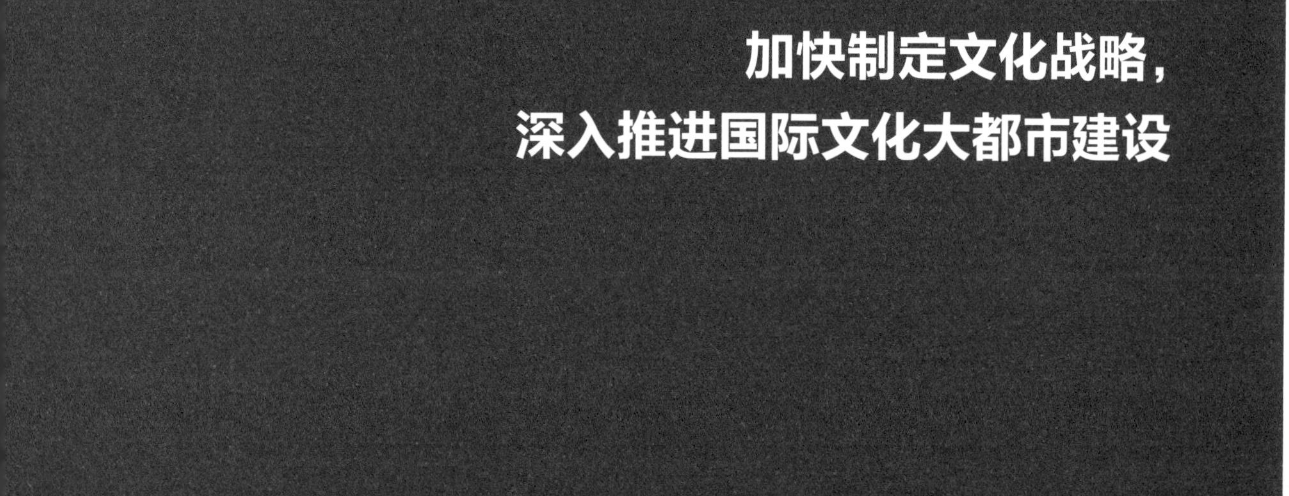

2023 年 6 月 2 日，习近平总书记在文化传承发展座谈会上指出，在新的起点上继续推动文化繁荣、建设文化强国、建设中华民族现代文明，是我们在新时代新的文化使命。上海在中华文化版图中具有重要位置，近代以来一直承担着中西方文明交流窗口的角色，是中国城市现代化、国际化的先行者，应当在建设中华民族现代文明的过程中发挥更加重要的作用。“上海 2035”城市总体规划将文化作为推动城市发展的关键战略，明确提出建设“人文之城”和国际文化大都市的目标。2023 年 12 月 18 日召开的十二届市委四次全会强调深入学习贯彻落实习近平总书记重要讲话精神，提出要把文化文脉作为精神支柱，深入推进国际文化大都市建设。为更好地推进上海文化发展，全方位提升文化对城市发展的牵引作用，需借鉴国际城市经验，通过制定文化战略，明确文化发展的方向和路径，加快提升城市软实力。

一、文化与上海发展

（一）上海文化的发展脉络

上海所处的太湖东部平原是江南文化的核心区域，良渚文化的孕育、吴越文化和楚文化的浸染，造就了上海地域文化的底色。东晋以后多次人口大迁徙以及隋唐大运河的修建，大大促进南北文化交流和商业发展，丰富了江南文化内涵，也赋予上海开放、包容的文化品格。近代以来，上海成为汇聚南北、沟通中西的文化门户和经济中心，大陆文明与海洋文明在此碰撞，中华传统文化与西方现代文化、江南文化与中原文化在此交锋、借鉴、渗透、融合，逐渐形成海派文化。马克思主义学说等各种先进思想文化经由上海引入、传播并生根，孕育产生了红色文化。改革开放之后，作为对外开放前沿阵地和国际经贸文化交流窗口，上海不断吸收、融合国内外优秀文化，努力推进文化的创造性转化、创新性发展，传承和发展新时代的上海文化。

（二）上海的文化内涵与价值

上海的自然地理环境和发展历程，造就了多元融合的文化内涵和独特气质。习近平总书记亲自提炼概括了“海纳百川、追求卓越、开明睿智、大气谦和”的城市精神和“开放、创新、包容”的城市品格，精准体现了上海文化的内涵与特质。

海纳百川脱胎于“海以至低纳百川”的厚德思想，以兼收并蓄、见贤思齐的胸怀，塑造开放包容的城市生态。**追求卓越**彰显城市的精神追求和先锋使命，以敢为人先、臻于至善的自我要求，促使上海不断开拓创新、积极进取。**开明睿智**体现中国传统文化的价值观，既敦本务实又能与时俱进，通过不断的革故鼎新使城市保持持续的竞争活力。**大气谦和**反映出的理性精神是上海现代化的基石，既尊重规则又不离礼义为先，使城市拥有强大的影响力和感召力。

上海的城市精神和城市品格，构成了城市文化的内涵，是城市活力和竞争力的源泉，推动了上海在各个时期的发展。其中，开放、创新、包容的城市品格是文化发展贯穿始终的主线，也是上海文化不断推陈出新、层层上升的基础动力。海纳百川、追求卓越、开明睿智、大气谦和的城市精神则体现了上海文化的基本价值和准则，是推动城市发展的基本逻辑。

上海城市的独特魅力和发展成就，正是得益于以中华文化为内核并适应外部世界转化发展而生的文化精神。在当前全球化退潮、文明冲突加剧的背景下，上海的文化精神既是发展根基也是济世良药。于己可在文明互鉴中跻身时代前沿，保持持续的吸引力和竞争力；于邻可引领江南文化开展现代转化，构建长三角文化共同体；于国可为建设中华民族现代文明提供上海样本；于世更可以中华智慧结合世界语汇支持全球人类命运共同体的破局脱困。

（三）国际文化大都市定位的演进

上海在 20 世纪二三十年代就是远东文化大都市，新中国成立初期是全国最重要的文化中心之一。改革开放之后，上海一直将文化作为重要的城市职能，但对于文化在城市发展中的定位，则经历了一个逐步深化提升的过程。

1986 年获批的《上海市城市总体规划方案》确定上海的城市性质为：“我国的经济、科技、文化中心之一”。但此后历次“五年计划”以及《上海市城市总体规划（1999—2020 年）》均只将文化发展的目标定位于国际文化交流中心。2007 年 5 月 24 日，时任市委书记习近平同志在中共上海市第九次代表大会的报告中明确提出：“努力把上海建设成为文化要素集聚、文化事业繁荣、文化产业发达、文化创新活跃的文化大都市。”这一目标对城市文化建设提出了更加全面的要求，也体现出文化在城市战略中的地位有了显著提升。

2010 年 11 月中共上海市第九届委员会第十三次会议提出建设国际文化大都市的目标。“上海 2035”城市总体规划提出要建设更具人文底蕴和时尚魅力的国际文化大都市，并将“人文之城”作为城市发展的三个分目标之一，成为建设社会主义现代化国际大都市的重要支撑。

二、全球城市的文化战略

（一）文化是因应发展挑战的战略关键

二战后，世界各国认为文化能够“**建立人类智力和道义上的团结**”，可以实现“真正和平”，因此联合国教科文组织于 1945 年应运而生。1954 年欧洲委员会通过了《欧洲文化公约》，鼓励共同维护欧洲文化，以文化调和分歧。进入新世纪，保护文化多样性被视为经济全球化时代**应对“世界扁平化”挑战**的重要路径。2001 年联合国教科文组织发布《世界文化多样性宣言》，提出文化多样性、宽容、对话及合作是提升凝聚力、促进经济发展的重要基础。2016 年世界人居大会公布的《新城市议程》指出，文化和文化多元性可为推动城市、人类住区和公民**可持续发展**作出重要贡献。

近年来，文化更是被视为全球城市增强竞争力、提升包容性、应对气候挑战的**重要战略资源**。联合国教科文组织通过《文化宣言 2022》呼吁各国加强公共政策的制定，保护文化多样性以及文化资源的“公平可达”。同期欧洲发布《布拉格宣言：建设基于价值和文化驱动的欧洲》，强调文化在应对气候变化和政治冲突等迫切挑战中具有基础性且不可替代的作用。

（二）实施文化战略是促进城市发展的必要选择

正是因为文化在国际竞争和城市发展中愈发受到重视，伦敦、巴黎、东京、纽约、北京等世界代表性文化中心城市，都制定了专门的城市文化发展战略。

通过文化战略应对转型挑战。为应对工业化过度开发后资源匮乏、环境污染、城市衰败等问题，大伦敦政府于 1999 年成立“文化战略委员会”，制定《伦敦市长文化战略》，挖掘文化资源，彰显文化创意特色，使城市再次成为能够吸引人们生活、工作和交往的地方。2018 年《面向所有伦敦人的文化：伦敦市长的文化战略》[1] 提出文化是实现“良性增长”、提升竞争力的重要“战略资源”，并关注所有“人”的文化需求。

通过文化战略强化目标定位。《巴黎市文化政策》[2] 响应联合国提倡的“以‘尊重差异、包容多样’反对全球化背景下‘文化标准化’”，强调重塑巴黎“世界艺术文化之都”的地位，以应对美国全球性“文化入侵”的挑战。

---

1 Greater London Authority. Culture for all Londoners Mayor of London’s Culture Strategy [R]. 2018.

2 Ville de Paris. La Politique Culturelle de la Ville de Paris[R]. 2008.

通过文化战略牵引城市发展。《北京市推进全国文化中心建设中长期规划（2019年—2035年）》作为文化顶层战略，通过文化产业、旅游、历史文化名城保护发展等"十四五"专项规划落实具体要求，以文化促进经济、民生、教育、旅游、历史保护、社区建设等各领域的发展。

（三）全球主要城市文化战略的共同特点

一是多样性和公共性是文化战略的"两个基点"。对文化多样性的包容是全球城市应对文明冲突、融入全球发展的前提，文化公共性则是建构城市凝聚力和创新活力的关键。政府对此负有最直接的责任，需要充分发挥在空间供给、资金保障等政策制定上的优势，支持和激励文化多样性的发展，并提供更多参与文化活动的场所和机遇，降低文化资源获取门槛，提升文化的"可达性"。如巴黎提出"以文化艺术让城市空间更有魅力"，提出要不断培育具有特色的文化创意空间，加强道路、河道、广场等重要公共活动场所的整体艺术化设计并嵌入各类文化活动。

二是特色产业和文化生态是文化战略的"两个焦点"。**一方面**为核心文化产业提供空间和政策保障，构建文化产业簇群，带动和激发相关产业发展。如伦敦采用"创意企业区"结合特定政策保障具有突出引领优势的电影、音乐等产业；巴黎通过政府预算倾斜加大对视觉、音乐、表演艺术、出版、印刷等文化产业的支持。**另一方面**注重城市"文化生态"保育，强调健康生长、可持续的文化生态是确保城市文化始终具有旺盛生命力、持续繁盛的重要"基质"。政策重点关注文化发展的成本控制，为文化从业者提供空间和就业等政策支持，构建便于交流、创造机遇的社会网络。如纽约引入社会资本并加强和社区合作，为文化创意人群提供工作空间和可负担住房。

三是满足所有人的文化需求是文化战略的"最终落脚点"。文化战略是适应全球城市人口多元化构成、促进文化融合与再提升的重要保障，满足差异化的文化需求是使城市具有吸引力的基础。这也是近年来各城市文化战略的焦点，如伦敦的"富有创意的伦敦人"、纽约的"文化是所有人的文化"、东京的"文化为人人生活的福祉"。政策制定上会基于对多元人群文化生存、生活以及信仰的尊重，提供相应的文化服务和文化产品，重点关注弱势群体和特殊群体的文化需求。例如巴黎提出帮助残障人士更好地接触各类文化产品与服务，以及为青年人制定专门的文化培训计划。

三、上海文化战略的定位与内涵

（一）上海文化发展面临的问题与挑战

上海历年来在文化发展领域开展了大量工作，也取得了突出的成绩。但对标国际主要的文化大都市，上海的文化影响力和竞争力还有差距，文化发展水平滞后于城市整体发展水平。2023 年全球城市实力指数（GPCI）排名中，上海的综合实力位居第 15 位，而文化交流排名第 23 位[3]。

具体而言，存在以下五方面的不足。**一是文化认知尚流于片段化和表面化**。关注近代历史和城市文化，而对悠久文明历史和广阔郊野乡村关注不足；关注物质空间，但对文化精神的挖掘和传承不足。**二是文化形象较为固化**。新时代本土文化的创新力不足，尚未形成深入人心的城市文化意象，标志性的文化集聚空间不足。**三是文化供给不够均衡**。公共文化资源配置布局不够均衡，仍处于重数量发展而轻文化内涵的阶段，对新时代新需求的及时响应能力不足。**四是文化生态不够开放**。文化资源的可获取性和可达性仍需提升，不断攀升的生活和商务成本对青年人才和创意企业产生拒止作用，抑制了文化发展的可能性和多样性。**五是文化治理模式有待转变**。目前尚未形成以满足所有人文化需求为出发点的治理机制和政策支撑体系，在文化发展上以政府投入为主，市场参与度不高。

透过以上问题，可以看到有两方面深层次原因。**一是对文化的战略价值尚未形成共识**，体现在社会各界对文化软实力已成为全球城市重要竞争力的认知还不够，在实际工作中常有将文化置于社会事业的基础设施或者经济发展的对立面的情况。**二是文化发展尚未形成合力**。为加强对文化发展的指引，《中共上海市委关于厚植城市精神彰显城市品格全面提升上海城市软实力的意见》已于 2021 年发布实施，其后制定了国际文化大都市建设的“十四五”规划和三年行动计划。但宏观政策对于具体发展策略的约束力不够，文化相关规划和行动的执行局限于主管部门，未能动员全社会形成合力，因此制约了文化发展的有效性和影响力。

（二）上海文化战略的定位与架构

文化战略应成为统领各方力量、统筹各类资源推进文化发展的纲领性文件，是一份具有引导性和约束力的政策指引。它与经济、社会、生态、空间等战略相互作用、互为补充，构成完整的**“城市发展战略矩阵”**，向上贯彻国家和上海发展要求，

---

[3] 数据来源：https://mori-m-foundation.or.jp/english/ius2/gpci2/index.shtml.

向下指导各项发展计划、空间规划等策略制定和近期规划、城市更新和建设项目等行动实施（见图 4-1）。

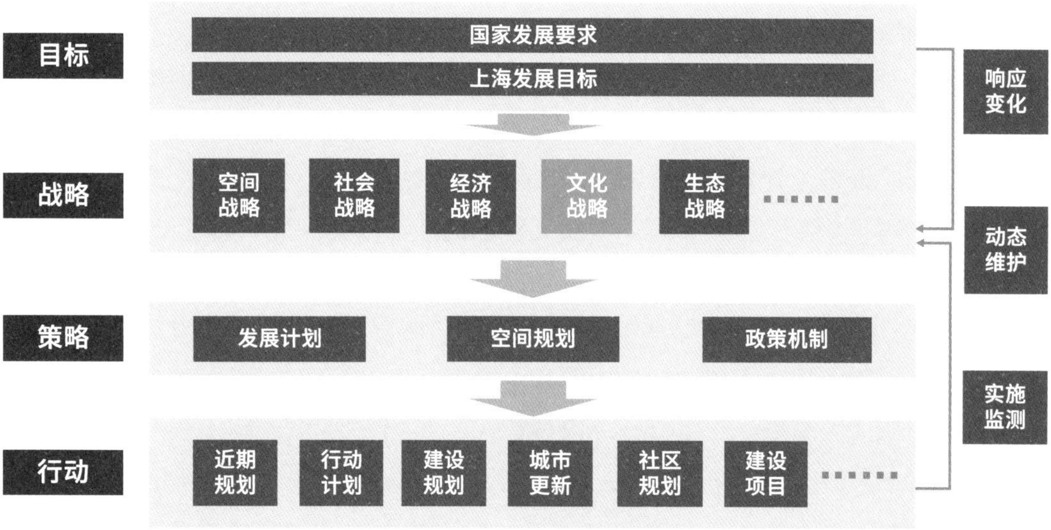

图 4-1　文化战略的定位

以文化战略为核心，建立贯穿目标、战略、策略、行动全过程的文化发展机制。**一是**通过对外部发展环境、国家发展战略、上海发展目标和市民文化向往的综合研究，明确上海文化定位与发展导向。**二是**凝练上海文化的核心价值，强化城市文化的认知与共识。**三是**激发文化可持续的创新力，强化城市文化的吸引力，提升城市文化的影响力，建立涵盖经济、社会、旅游、教育、空间品质等多维度、跨系统、全过程的文化发展策略。**四是**建立动态响应的行动策略和协同共治的保障机制，推进文化战略的有效实施。

（三）上海文化战略的内涵

当前，上海正处于发展动力和模式转型换挡的关键时期，同时又承担引领国家和区域发展、参与全球竞争的重大使命。通过制定文化战略，将文化发展融入城市整体架构，成为城市发展的内生驱动力，对于构建竞争优势，强化上海在全球城市网络中的地位和影响力具有独特而重要的意义。

文化战略是贯穿社会主义现代化国际大都市建设的主线。文化战略通过系统发挥文化的直接和间接作用，整合国际大都市的多维目标，实现协同共轨。**以文化来营造城市归属感与幸福感的基底**，弥合冲突和割裂，“对外树立形象，对内凝聚人心”，提升城市发展的韧性和软实力。**推动文化产业发展，培育新的发展引擎**，并以开放包容的环境激发持久的创新活力，赋能传统产业，强化综合竞争力。**以上海独特的文化传统担当全球化桥梁**，有效控制交流成本、促成发展共识，同时保持自身文化的凝聚力和标志性。

文化战略是“以人民为中心”的系统方略。文化发展的核心是人，文化战略所涉及的素材、方法、目的都应“取之于民、归之于民”。**服务人民的需求**，让文化全方位渗透、优化人民生活、工作、游憩等方面，营造适应人的活动需求与心理感受的空间环境。**培育人民的共识**，构建普惠公平的文化网络，加强文化宣传与阐释，培养文化认同和文化发展的共识。**激发人民的动能**，营造开放包容的文化氛围，充分发挥人民的积极性和能动性，共同参与文化创新与建设。**建设人民的都市**，使城市的空间、功能、主体，时时处处都能阐述文化、彰显人民的文化自信。

文化战略是循环演进的可持续过程。上海文化充分体现了中华民族对外文化交流的主导力和成就高度，在建设中华民族现代文明的当下进程中，文化战略更应发扬好、利用好海纳百川的活态效应，牵引中华文明不断吸收先进且适用的文化养分，渐次达成引领全球文化价值的高度和广度。**重点建立动态有序的态势**，固本纳新，维护本土文化昌荣、外来文化活跃，**强化“一本多元”的文化格局**，以此向世界传播具有中华智慧的文化成果和理念方法。通过战略的动态维护调整，在全球文化版图的博弈中保持稳定、有力的演进节奏。

四、上海文化战略的要点建议

（一）彰显深厚多元的文化底蕴

上海在 6 000 年文明发展历史中形成了多元而深厚的文化内涵，应当更完整地认识和展现上海的悠久历史、文化脉络和发展成果，确立上海在中华文化格局中的重要地位，塑造城市文化形象。**一要展现上海在不同历史时期的持续性文化贡献**，不仅关注近代发展，还要保护和展现史前上海的文明遗迹以及古代上海的社会生活和城市图景，全面展现改革开放和社会主义现代化建设的伟大成就。**二要突出上海多元融合发展的文化特色**，充分挖掘和彰显以红色、海派、江南三大文化为代表的文化底蕴，统一于上海国际大都市的整体形象，塑造“最上海”的城市风貌。

（二）传承开放包容的文化传统

上海文化发展的本质特征就是以开放包容的胸怀，将来自五湖四海的多样人群、多元文化，融合于上海这一共同体，形成共同的文化精神，并为共同的目标而奋斗。

这是上海自明清至近代以来取得高速发展的文化依托，也是未来继续取得成功的关键。**一要强化中西文明交流枢纽的地位**，在文明冲突加剧的今天，更要增强城市国际交往能力，打造高水准的国际交流平台，营造国际化的服务环境，吸引更多国际人才和企业来沪发展，加强上海城市品牌在国际上的传播推介。**二要融入区域发展格局**，塑造链接区域的文化网络，展现开放包容的文化环境和城市品质，以文化为牵引，推动更广泛深入的交流合作。**三要打造“没有距离感”的城市形象**，面向城市各类人群提供普惠的生产生活保障，尤其关注青年白领、学生和新市民，帮助他们解决生活难题，提升城市的吸引力和归属感。

（三）营造创新进取的文化生态

创新进取、追求卓越是上海文化的基本准则和精神追求，这与上海早期艰苦的自然环境有关，也是海洋文化的共性特征，已渗透入城市的基因。在上海建设国际大都市的征程中，必须杜绝因循守旧，鼓励开拓创新，促进上海在未来的发展中不断涌现新的文明贡献，实现从文化交流枢纽和码头到文化创新源头的蜕变。**一要完善支持鼓励文化创新的政策机制**，加强部门合作和机制创新，保障促进创新的空间供给，营造吸引创新人才的环境，并通过产业、财税、土地等政策组合拳，大力降低创新创业的成本，为创新企业与人才解除后顾之忧，推动文化产业的繁荣发展。**二要为每个人创造公平的发展机遇**，尊重和满足各类人群的发展诉求，提供低门槛的职业培训和就业辅导，提供低成本的办公和生活空间，吸引更多人来上海寻找发展机会。**三要营造鼓励创新、包容失败的社会氛围**，通过广泛的社会宣传，弘扬上海的文化精神，鼓励创新创业。

（四）构建人人共享的文化环境

成功的文化大都市都通过全方位的文化渗透，将城市文化的内涵和发展雄心传递给城市的每一个人，同时也使文化成果惠及每一个人，形成处处渗透文化、人人共享文化的整体氛围，从而凝聚广泛的社会共识。**一要构建便利可达的文化空间网络**。将文化艺术作为引领城市更新的关键元素，加强文化设施的灵活布局和复合利用，消除文化设施进入和使用的门槛，使每个人可方便地使用文化设施。**二要促进文化与多元城市功能充分融合**。以文化作为地区发展的催化剂与引擎，统筹各类服务功能，营建具有全球影响力的文化、艺术、博览空间；培育国际化特色体育、健康、娱乐、休闲、体验功能；鼓励文化、体育与商业、办公、创新创意等功能混合布局，以提升城市活力。**三要以文化提升城市空间魅力**。充分发挥文化艺术激活功能、点亮空间的“触媒”作用，以历史文化遗产为中心组织城市空间与活动路径，挖掘提炼历史故事和文化主题，塑造具有辨识度和标志性的建筑景观和空间环境，充分彰显城市文化底蕴，全面提升城市品质。

（五）推进以“文化 +”为特征的治理创新

文化不是孤立的经济部门或思想意识，而是渗透于城市经济运行和社会生活的方方面面。应当以更为开放的视角来看待文化，在城市发展的各方面融入文化元素，统筹各方力量共同推进文化建设和治理，让文化为城市发展注入新动力。**一要基于“文化 +”理念构建发展合力**。突破部门思维，突出文化与城市经济、社会、生态、治理等方面更为宽广的布局配合，建立多部门协作，社会组织、企业、公众共同参与的机制，共同推进文化建设。**二要探索以人民为中心的文化治理**。充分尊重人民的主体地位，鼓励和引导个人和社会组织全过程参与文化资源配置、建设、使用、经营管理的决策与实施，保障公众及时获取规划信息并有效传递意见。

城市更新已经成为上海规划建设新常态。回顾过往，在高速增长背景下以拆旧建新为主的城市更新模式虽然助推了城市发展，但也带来了种种问题，在当前的经济和社会环境下已难持续。在资源空间紧约束条件下，要解决人民关切的问题，统筹高质量发展、高品质生活，必须转变理念和方法，探索面向可持续发展的城市更新模式。其中，“人”是无可辩驳的主体和中心，只有满足人民需求，提升人民群众获得感、幸福感和安全感的城市更新，才具有持续发展的原动力。因此，本议题回归“以人民为中心”，基于可持续发展的目标，重新认识城市更新的内涵、逻辑和路径，并以此为出发点对城市更新的方法与机制提出建议。

CHAPTER 5

第五章

以人民为中心，探索城市更新可持续发展新模式

党的二十大报告提出，“坚持人民城市人民建、人民城市为人民，提高城市规划、建设、治理水平，加快转变超大特大城市发展方式，实施城市更新行动。”相关部委先后发布多个文件予以落实[1]。上海市委市政府高度重视城市更新工作，将城市更新列为2023年市委主题教育调研重点课题。2023年11月11日，市委常委会审议通过《关于深入实施城市更新行动加快推动高质量发展的意见》[2]，提出“以实施《上海市城市总体规划（2017—2035年）》为统领，以提升城市功能为核心，以转变超大城市发展方式为牵引，进一步探索完善城市更新模式”。2024年1月2日，上海举行全市城市更新推进大会，指出要“坚持以城市总规为统领，加强更新任务、更新模式、更新资源、更新政策、更新力量的统筹，全力推动城市更新工作取得新的更大进展”。因此，有必要回归城市更新的价值本源，紧紧围绕人民的切身利益与城市的长远发展，探索面向可持续发展的城市更新新模式，创新政策和方法，通过城市更新促进城市高质量发展。

一、探索城市更新可持续发展新模式的必要性

（一）可持续城市更新模式是城市发展的必然要求

城市更新贯穿城市建设发展全过程，与政治、经济、社会发展紧密相关，城市更新的模式伴随社会生产、生活方式等变化而变化。近现代城市更新可上溯至19世纪中后期工业革命后的巴黎、伦敦、芝加哥改建。西方社会全面开启城市更新则源自1945年战后重建。由于当时大拆大建忽视了文化保护和民众诉求，1960年代历史保护、公平正义、公众参与、社区治理等议题集中出现，城市更新从单一目标逐步走向综合全面导向。进入存量发展时代，城市的可持续发展离不开可持续的城市更新，更强调城市更新的目标综合化、主体多元化和方式可持续。

（二）“以人民为中心”要求城市更新可持续发展

从孔孟“民贵君轻”的人本思想到中国共产党“全心全意为人民服务”的宗旨，“以人民为中心”在中国具有深厚的历史渊源和理论根基。城市更新强调“一切为了人民，一切依靠人民，成果共享于民”，契合城市的本质特征，彰显了人民的主体地

[1] 住房和城乡建设部先后发布《关于在实施城市更新行动中防止大拆大建问题的通知》（建科〔2021〕63号）、《关于扎实有序推进城市更新工作的通知》（建科〔2023〕30号），并发布两批次《实施城市更新行动可复制经验做法清单》。自然资源部办公厅印发《支持城市更新的规划与土地政策指引（2023版）》（自然资办发〔2023〕47号）。

[2] 2023年11月22日中共上海市委办公厅、上海市人民政府办公厅正式印发。

位。上海作为“人民城市”理念的首提地，更应深入践行“人民城市人民建、人民城市为人民”的理念，探索更高质量、更可持续的城市更新路径。要增进民生福祉，把最好的资源留给人民、用最优的服务供给人民，营造最佳的环境来成就人民；要增强社会认同，让不同年龄、不同层面的人群都能享受美好生活，并为之奋斗；要尊重人的权利，让更广泛的群体参与到更新中来，充分调动人民的积极性、主动性和创造性。

二、构建城市更新可持续发展新模式

（一）可持续城市更新模式的目标体系

全球可持续发展的理念、政策和实践，正逐步向经济、环境、社会三者相互制约、相互整合的关系演进，而自然资源也因其不可替代性成为可持续发展的重点议题。党的十八大以来，我国提出了经济、政治、文化、社会和生态文明建设“五位一体”总体布局和创新、协调、绿色、开放、共享五大发展理念，本质上就是对可持续发展内涵的进一步丰富和完善。城市发展应围绕“五位一体”布局，深化可持续发展理念：一是强调**生态资源**的稀缺性和不可替代性，将其作为可持续发展的保障和底线；二是增加“**文化建设**”作为可持续发展的重要支柱，起到整合经济、社会、环境的黏合剂作用；三是以“**治理维度**”支撑可持续发展，为经济、社会、环境和文化的协同互促提供具体保障。

随着城市发展模式的转变，**城市更新正从过去以基本生活与经济为中心的改造转变为多目标多维度的系统更新**，涵盖城市生活、生产、生态等多方面目标（见图 5-1）。城市更新既要着眼“人”的需求推动更新方式的转变，也要上升到城市高度，综合考量城市更新与城市整体发展的关系：即在**物质层面**，以生态承载力（生态维度）为底线，以功能发展（经济维度）为要义；**意识层面**，以人民福祉（社会维度）为根本，以社会网络（文化维度）为基础；**制度层面**，

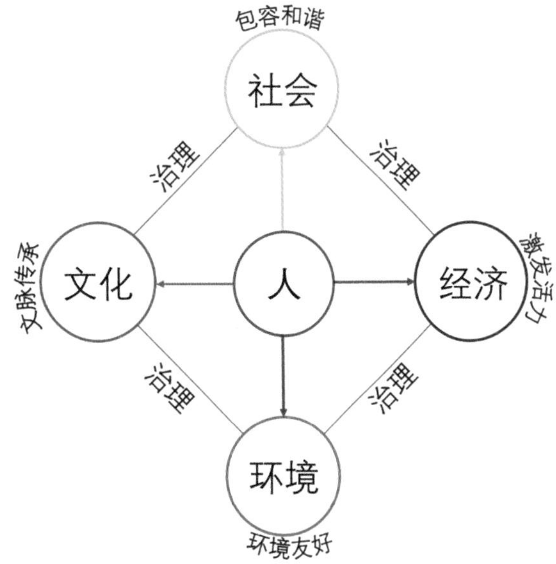

图 5-1　可持续城市更新的多目标体系

以社会共治共建共享为保障。最终促进和平衡“**个人—群体—社会**”多维综合目标的实现与耦合，实现更高质量、更公正、更安全和更可持续的发展。

（二）可持续城市更新模式的内在逻辑

习近平总书记在总结改革开放 40 年积累的宝贵经验时指出，“必须坚持以人民为中心，不断实现人民对美好生活的向往”。探索以人民为中心的可持续城市更新，就是要把“让人民宜居安居”放在首位，着力解决城市发展中的不平衡不充分问题，更好满足人民群众对美好生活的向往。因此，可持续城市更新模式应始终坚持以人民为中心，并与经济发展、文化传承、环境品质、城乡治理紧密关联（见图 5-2）。

经济发展是城市更新可持续发展的动力。通过对更新地区的功能置换和产业升级，优化空间资源配置，打造经济增长的新型空间，增加就业岗位并创造更多社会财富，能够有效激发城市发展的活力，为推进城市更新提供可持续的经济支撑。

文化传承是城市更新可持续发展的灵魂。文化是维系城市中社会共同体稳定的力量，也是彰显城市独特性的核心要素。加强文化传承能够强化社会韧性、彰显城市魅力，削减城市更新对原有社会文化网络的冲击，并放大文化价值，激发社会活力，赋能地区发展。

环境品质是城市更新可持续发展的基础。空间环境是城市一切生产生活的物质载体。落实美丽中国建设要求，通过系统性的空间环境治理，提升人居环境、改善

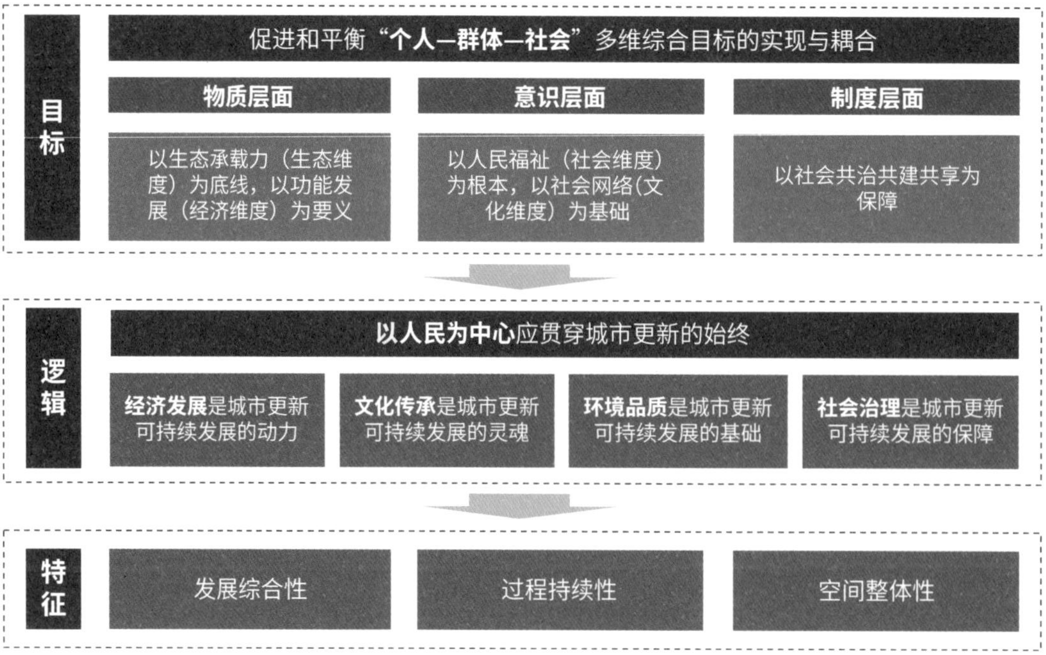

图 5-2　城市更新可持续发展新模式

城乡生态，减少资源浪费和环境破坏，建立更具弹性和更优美的环境品质，可有效提升城市吸引力，强化可持续发展能力。

社会治理是城市更新可持续发展的保障。城市更新是促进城市高质量发展的重要途径，也是不同治理理念和方式在城市层面的具体体现。城市更新涉及资本、市场、空间、人才等各类资源要素，为达成资源的最优配置，实现各利益相关者的共赢，就要通过多元主体共同努力和决策，推动城市更新朝着更可持续的方向发展。

（三）可持续城市更新模式的运行特征

一是发展的综合性。城市更新涉及政府、民众、企业等诸多利益主体，是包含规划、产业、土地、机制等在内的综合行动，因此，其战略定位的高低，决定着城市更新的水平和成效。

二是过程的持续性。城市更新作为一个持续的、长期的过程，并不能一劳永逸地解决所有城市问题，其目标实现和价值判断也要放到长期来看。

三是空间的整体性。城市更新既涉及零星地块，也有社区、城市乃至国家层面的问题，但城市中任一区域的更新与城市整体都是密不可分的，正所谓“牵一发而动全身”，因而城市更新的问题需要整体统筹考虑。

三、新时期上海城市更新的关键问题

上海的城市更新伴随城市发展经历了多个阶段。自建国至改革开放初期，为解决基础民生问题开展了多轮次危棚简屋和老旧小区改造；城市进入快速发展时期后，综合考虑民生与发展诉求，通过成片改造多途径拓展城市空间；近年来由“拆改留并举，以拆除为主”调整为“留改拆并举，以保留保护为主”，更加突出以人为本和高质量发展，也更强调更新对城市社会、经济、文化问题的综合处理。

当前上海正处于发展动能和模式转换的关键期，既要切实解决民生欠账，又要应对外部环境变化带来的冲击。一方面，以“两旧一村”为代表的民生改善问题亟需解决，中心城转型提升与新城功能建设对于空间资源的优化提质也存在客观需求。另一方面，城市更新的成本高企，城市也正面临较大的政府财政压力。此外，社会治理的转变也对城市更新的基本逻辑和模式提出了新的要求。某种程度上，当前城市更新遇到的问题正是城市转型阶段面临挑战的投射。

（一）对城市更新可持续发展的理解仍未统一

城市更新可持续发展已得到各方认可，但对其内涵的理解仍存在分歧。**一是**更重视易量化的经济账、环境账，关注财务平衡、空间腾退、动迁速度，而忽视了更广义的经济、社会、环境、文化等综合维度。**二是**聚焦城市更新的建造属性，忽略其营造特性，体现为城市更新决策和实施中的项目化思维，局限于一时一事，未将其放在更长远的时间维度来整体考量。**三是**居民自主意识尚未觉醒，常将城市更新看作是政府“一家之事”，习惯于被动式的政府主导更新，居民等更广泛主体参与的积极性有待激发。

（二）高投入快回报的更新模式难以为继

以往的城市更新以成片更新为主，特点是规模大、速度快、投入高。然而，追求增容来扩大收益加剧了供过于求的风险。统计数据显示，2016 年起，住宅就处于去库存关键期，商办整体过剩[3]，2023 年空置率进一步高企[4]。过度强调征收速度则推高了动迁补偿费用，使财务成本大幅增加。这种更新模式大幅提高了城市整体运行的成本和风险，对城市的可持续发展能力和综合竞争力带来一定影响。如今市场下行压力加剧，成片旧改项目招商面临困境，已征收地块项目建设停滞不前，原有城市更新模式正经受严峻考验。

（三）对城市文化文脉的延续性重视不足

城市更新对物质空间的改变，必然影响城市文化文脉的延续。目前城市更新中广泛采用“**人走房留**”模式，将本地居民外迁致使原有**社区解体**，许多中老年人因失去熟悉的邻里关系和服务网络而不适应新的居住地。更新区域由于高额开发成本推高地价房价导致**城市士绅化**，加剧了社会分隔。在此过程中，中低收入租户等弱势群体被挤出城市中心，新市民和青年人也因过高租金而远离市中心，大大削弱了社会的韧性和包容度。

在文化传承上，许多历史建筑和街区在大规模的拆旧建新中消失。近年来，虽将历史文化保护作为城市更新的基本要求，但原有社会网络和产业形态彻底改变，架空了文化遗产的社会土壤，一定程度上破坏了历史环境的整体性和原真性。

（四）自上而下的实施机制面临瓶颈

上海城市更新“自上而下、政府主导”的模式，保障了城市更新的高效推进，

---

[3] 《上海统计年鉴》的统计数据显示，自 2016 年以来，住宅、办公物业竣工量持续高于销售量。

[4] 仲量联行《上海办公楼市场概览》2023 年季刊关于“2023 年第二季度存量及空置率”的数据显示，浦西中央商务区空置率 13.0%，非中央商务区空置率 28.6%；浦东中央商务区空置率 10.7%，非中央商务区空置率 25.1%。非中央商务区的空置率已明显超出 10% ~ 20% 的合理区间。

但在经济运营和社会治理方面都存在明显不足。**一是城市更新实施有心无力**。面对日益高企的更新成本和下行的经济环境，政府无力继续“大包大揽”实施城市更新，而市场主体也缺少参与更新的足够动力。**二是社会参与不足**。居民参与更新决策和方案制定的渠道少，且多为程序性参与，社会组织参与更新的路径不畅、空间有限。这种状况导致城市更新难以充分凝聚共识，对更新的效率和效果形成制约。**三是机制建设有待完善**，尤其在协商共治、社区规划师等方面缺少有效的规则框架。随着公民社会的兴起，这种自上而下的实施机制以及相应的社会治理模式亟待改变。

（五）更新政策的广度精度仍需加强

上海针对成片旧改等重点任务探索构建起城市更新政策框架，未来面向更广义、更广泛、更长远的城市更新类型，仍须强化更新政策的广度和精度。**一是城市更新相关政策配套支撑不足**，如土地功能的复合利用及弹性转换、土地资源的权属配置与权益融资、公共住房退租渠道、趸租细则都不够清晰完备，相关建筑规范标准等亟待研究优化。**二是市场化运营仍面临制度瓶颈**。政府资产只允许用于公益设施，开展经营性活动面临障碍，市场主体参与更新和运营渠道不畅，且需面对经营权属复杂、经营利润少等问题，抑制了参与热情。

四、上海探索城市更新可持续发展的对策与建议

为了更好推动城市更新工作，2023 年以来国家部委和上海市出台了一系列文件，在放权赋能、利益平衡、统筹协商、规范有序等方面提供政策支持，为城市更新可持续发展明确了方向。

上海应始终坚持以人民为中心，以城市更新的可持续发展促进城市的可持续发展。既要全面准确落实政策要求，解决当下的痛点，更要面向未来，面向更广义的更新地区、更广泛的利益群体和更长远的城市发展，深入探讨城市更新可持续发展对策。社会方面，应更加关注公平正义，促进社会包容；经济方面，应关注城市更新是否能实现城市品质提升和资源有效利用；文化方面，应更加关注文化价值，促进社会和谐；生态方面，应关注城市更新是否有助于形成有序高效的空间格局和绿色生态的城市环境；治理方面，应更加关注城市更新是否让人民感受到有温度的获得感、幸福感和安全感。

（一）增进民生福祉，探索社会公平新途径

改善居住质量、促进社会发展是实施城市更新的出发点。**满足全方位的民生诉**

求，不仅要切实解决百姓基础生活保障和急难愁盼的现实问题，还要综合考虑其就业、交往、文化、康养等更加多元、更高层次的民生诉求。**提供多种更新路径选择**，尊重既有社会经济结构，积极探索“人留房留”的城市更新模式；提供换租、退租、趸租、回购回租等多种更新路径，扩大居民选择权；考虑创新动迁征收机制，转变更新中“一夜暴富”的状况，兼顾代际公平。**关注多元社会群体需求**，尤其是弱势群体，面向老人增加适老服务，创造多代融合的友好环境，面向儿童提供更多便捷的儿童游乐场所。

（二）激发市场活力，建立经济平衡新逻辑

上海进入存量发展背景下，城市更新要改变依赖增量的土地财政思维，关注城市功能的培育，提升空间的运营效益，实现多元主体的共担共赢。**从增容平衡到提质平衡**，城市更新不仅仅是空间的更新，更是功能的迭代，以“品质提升”激发功能活力，打造新的增长点，并撬动多元主体参与，在百姓收益和政府投入之间取得平衡，建设老百姓满意的生活空间。**从注重空间更新到长效运营**，充分发挥市场企业、社会组织的专业运营能力，探索微利可持续的全周期、全链条的运营模式，以长期的经营性收益平衡短期的建设改造投入，实现业态更新、功能升级、就业提升、税收创造等综合目标。**从政府投入到共担共赢**，形成差异化、多主体的**资金共担机制**，拓展更新资金来源，如壮大城市更新基金、探索政府更新债券、推动居民出资自主更新、加强不动产投资信托基金的投资路径等。完善土地发展权的**利益共享机制**，既要避免“涨价归公”，也要缓解政府单方投入的巨大财政压力。优化**土地发展权益分配机制**，通过拓宽自主更新途径、放宽协议出让条件、探索容积率转移等来保障原权利人收益，同时通过细化补缴地价、保障公共要素供给配比和高品质服务等来维护公众利益。

（三）传承文化文脉，贯彻保护利用新理念

保护文化遗产，延续城市文脉，弘扬城市精神，是提升城市凝聚力和软实力的必然要求，也是城市更新的主要目标之一。在城市更新中，不仅要保护各类文化遗产，还要**强调历史记忆的整体性延续**，传承历史空间格局和代表性历史环境，适当延续原有人口结构，保证一定的居住密度，有重点地保留本地化业态和生活方式，记录一代代人的生活印记，使人们记得住乡愁。**推动历史文化遗产的活化利用**，充分利用其区位优势和空间潜力，以文化为先导，引入适应城市发展的多样化功能，成为激发城市活力的文化触媒。**讲好历史空间的文化故事**，在城市更新中植入博物馆、美术馆等文化设施推动文化传播，加强邻里空间艺术化设计，营造雅俗共赏的、

家门口的文化空间，并积极应用新技术手段，让文化“动起来、活起来”。

（四）推进和谐共生，提升人居环境新品质

城市更新是对空间环境的系统重塑，应以提质、减排、增效为目标，创新空间利用方式，实现经济、社会与生态环境的协调发展。**以多样化的空间激发城市活力。**针对居住区、产业区、商业商务区、历史风貌区、乡村地区等不同类型的更新区域，制定差异化更新策略，注重公共空间、公共设施、文化景观的链接互动，创造有影响力的活力地标。**积极应用绿色化、智慧化更新方法。**导入绿色建筑技术，开展小规模建筑改造，加强公园绿地建设，提升生物多样性；关注智慧赋能，应用数字技术强化决策支持，加强场景营造，提升空间趣味性。**探索小规模、渐进式的更新模式。**在成片更新基本完成后，小规模更新将成为主流，届时城市更新必将转向以渐进式、协商型为主，以较小的社会人文代价，谋求更高品质和更可持续的收益，实现经济、社会、环境的综合效益最大化。

（五）加大统筹力度，推进资源配置新方式

城市更新是系统工程，要具备全局思维，突破项目化思维，通过全维度统筹，既解决城市问题，也引领城市发展。**强化全市域统筹的空间观**，在更大的空间范围内综合考虑城市更新的资源配置和功能培育，以资源利用效益最大化、空间秩序品质最优化为原则，完善制度设计，支持城市更新项目的跨区平衡，推动新城支持中心城区城市更新。**树立全时段统筹的时间观**，将城市更新项目的实施与运营纳入城市中长期发展进行整体考量，以动态和发展的思维评估其经济与社会效益，服务城市长期可持续的战略目标。**加强优化资源配置的制度保障**，在市域范围内针对重点项目建立土地资源池，整体调配土地资源；统筹国企资源，通过国企低效用地腾退增强更新地区流动性；打破条线壁垒，集中有限资源，分阶段、有重点盘活存量资源。

（六）提高治理效能，探寻多元共治新模式

好的城市不是严管细控出来的，更不是规划出来的。未来的城市治理应当以更有温度、更加人性化的方式强化社区联结，构建社区利益共同体，实现社区的共建共享。**探索共商共治的城市更新机制。**通过刚柔并济的政策激励，鼓励多方参与，将城市更新的基层治理“独角戏”变成多元参与的“大合唱”，并通过公平公开的竞争和博弈，寻求最广泛的社会共识，降低城市更新的经济社会成本。**充分发挥社会各方的能动性：政府部门**既是组织推进方，负责统筹把控和资源调配，更是平台搭建者，要积极调动全社会参与的积极性，协调利益诉求；**社区居民**是城市更新的对象和

主体，应形成便利、丰富的参与路径，促使其积极表达诉求，参与更新决策，尤其应注重弱势人群的制度赋权，为“失语者”的参与创造条件；**社区规划师**不仅是技术指导，更是多元协商的纽带，要促进各方对话、凝聚社区共识；**社会组织**应充分发挥在优化社会服务、化解社会矛盾等方面的专业作用；**市场主体**应更灵活、更全面地参与更新项目决策、建设、运营全过程，提升更新实效。**强化城市更新全流程管理。**全面梳理和消除城市更新项目所面临的政策机制、标准规范等方面堵点，量身定制形成鼓励城市更新的政策工具包。基于多元共治的长效治理目标，探索建立多方全流程参与的法定化路径机制，保障和推进城市更新实施。

促进新市民更好融入城市是上海建设人民城市的重要任务，也是践行上海城市精神和城市品格的必然要求。2023 年 11 月习近平总书记在上海考察时强调，外来务工人员同样是城市的主人，要确保外来人口进得来、留得下、住得安、能成业。上海新市民群体包括普通外来务工人员、高学历人才、求学者、随迁人员等，以青年人居多，目前公共服务供给与新市民多类型群体需求仍有一定差距。上海要学习贯彻习近平总书记考察上海重要讲话精神，在促进新市民更好融入城市上进一步加大力度，从提高新市民公共服务保障水平入手，完善“权责对等、梯度赋权”的基本公共服务供给机制，推动对重点人群、重点地区的基本公共服务覆盖，彰显城市温情，不断满足新市民日益多层次、多样化的服务需求。

CHAPTER 6

第六章

完善公共服务与社会治理，促进新市民更好融入城市

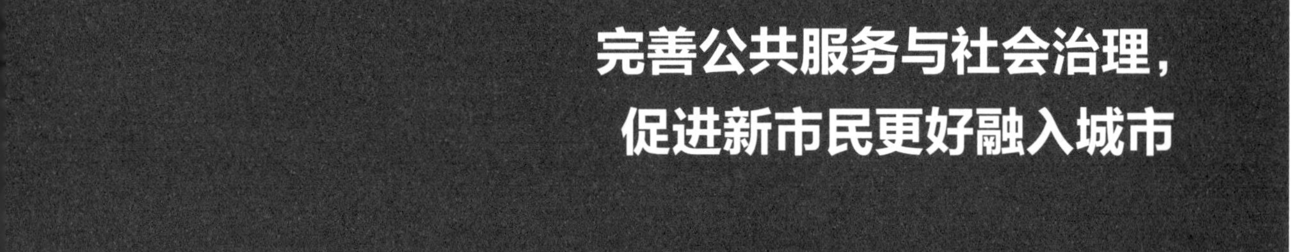

“流动”是当代社会的显著特征。人口的流动带来人力资源的区域优化和消费、信息、资本等各种市场要素的重新配置，由此形成的“新市民”群体是城市发展重要的活力与动力源泉，成为推动我国经济社会高质量发展的重要因素，同时也对城市治理、特别是公共服务供给提出了更高要求。上海作为我国新市民总量最大的城市之一，让新市民与这座国际化大都市接轨、解决新市民的城市融合问题，是衡量上海城市软实力的重要标准。因此，本议题对上海新市民群体开展初步研究，从基本公共服务保障和人群多层次、多样化的服务关怀两方面，提出促进新市民融入城市的政策建议，以供决策参考。

一、新市民对城市发展的重要意义

2006 年，青岛市首先提出了“新市民”的概念，当时特指外来务工人员，推动其享受更多市民待遇。2014 年 7 月，国务院常务会议针对长期居住在城市并有相对固定工作的农民工，提出要逐步让他们融为城市新市民，这是国家层面首次出现新市民的表述。之后，随着城镇化的加速推进，更多人才流向大城市，新市民概念内涵也随之不断扩大，目前，“新市民”已经演变成原籍不在当地、因各种原因来到一个城市的各类群体的统称。**服务新市民、帮助其更好地融入城市生活成为了社会共识**。2022 年 3 月，中国银保监会和中国人民银行联合印发《关于加强新市民金融服务工作的通知》（银保监发〔2022〕4 号），首次在国家层面的文件中对“新市民”明确了其具体定义，即：“因本人创业就业、子女入学、投靠子女等原因来到城镇常住，未获得当地户籍或获得当地户籍不满三年的各类群体”（见表 6–1）。

表 6–1 “新市民”概念的由来与发展

时间	来源	代指人群	详细内容
2006.2	青岛市人民政府	外来务工人员	取得暂住证的“新市民”可享受保险、房贷、购车挂牌、考驾照、子女入学等待遇
2006.8	西安市雁塔区《关于规范“新市民”称谓的通知》	外来人口、外来务工人员、打工者、农民工等	将外来人口、外来务工人员、打工者、农民工等称谓统一规范为“新市民”
2014.7	国务院常务会议	农民工	对于长期居住在城市并有相对固定工作的农民工，要逐步让他们融为“新市民”，享受同样的基本公共服务，享有同等的权利
2015.12	中央政治局会议	农民工	要化解房地产库存，通过加快农民工市民化，推进以满足“新市民”为出发点的住房制度改革，扩大有效需求，稳定房地产市场

（续表）

时间	来源	代指人群	详细内容
2020.5	苏州市《关于建立劳动者就业创业首选城市的工作意见》	非本地户籍劳动者等流动人口	成立新市民事务中心，完善“互联网＋政务服务”体系，推动公共服务“线上一网、线下一窗”，全面提升社会公共服务和综合治理水平
2021.4	《2021 年新型城镇化和城乡融合发展重点任务》	农业转移人口、新就业大学生等	扩大保障性租赁住房供给，着力解决困难群体和农业转移人口、新就业大学生等“新市民”住房问题
2022.3	中国银保监会 中国人民银行《关于加强新市民金融服务工作的通知》	在城镇常住，未获得当地户籍或获得当地户籍不满三年的各类群体	“新市民”主要指因本人创业就业、子女入学、投靠子女等原因来到城镇常住，未获得当地户籍或获得当地户籍不满三年的各类群体，包括但不限于进城务工人员、新就业大学生等

（一）促进新市民更好融入城市是推进中国式现代化的重要任务

党的二十大报告指出，“中国式现代化是全体人民共同富裕的现代化”。提高发展的平衡性、协调性、包容性，让新市民享受更完整的基本公共服务、融入城市现代文明，是持续推进中国式现代化的重要任务。

推进以人为核心的新型城镇化，促进新市民在城市安居乐业，也是着力推动高质量发展、增强国内大循环的内生动力和可靠性的重要举措。2021 年的国务院政府工作报告明确提出要尽最大努力，去帮助新市民、青年人等缓解住房困难，加强相关服务保障。有关部门相继出台支持政策，如《关于加强新市民金融服务工作的通知》（银保监发［2022］4 号）提出加大对新市民创业就业、租房购房、子女教育、职业技能培训、健康保险等方面金融服务支持力度。

（二）海纳百川始终是上海城市精神的底色

回顾历史，上海今日之繁华离不开一代一代的新市民。**1843 年开埠之后**，国内外的移民纷至沓来，上海成为“冒险家的乐园”，经济快速发展。城市人口从刚开埠时的 20 多万，到 1900 年超过 100 万，到 1919 年超过 240 万，到 1949 年超过 546 万，这些人口中 85% 以上都是移民过来的[1]。**1949 年上海解放后**，移民的步伐并没有停止，一部分是从山东等老解放区过来的南下干部及其家属，另一部分是周边省份的居民。1958 年，《中华人民共和国户口登记条例》发布，上海作为移

[1] 熊月之．开放与移民的历史文化传统是上海城市活力的根源．上观新闻，2016 年 7 月 30 日。

民城市的历史暂告段落。**改革开放以后**，伴随国家城镇化步伐的加快，上海迎来新一轮移民高峰（见图 6-1）。尤其是从 2005 年开始到 2013 年九年时间，上海外来常住人口从 438.4 万人高速增加到 990.01 万人，更占到同期全市新增人口总量的 86.6%[2]，有效补充了城市劳动力。**2014 年开始**，常住人口增速明显放缓。2022 年，上海吸引外省市应届毕业生、留学回国人员和引进人才直接落户规模较 2021 年显著减少，同时外来常住人口加速向合肥、重庆、杭州、成都等外省市流出，净流出总量约 25 万，在上述双重因素影响下，2022 年全市常住人口规模较 2021 年减少约 14 万人。当前，上海新市民占比已显著低于广州、深圳等一线城市，也低于同处长三角的杭州、南京、苏州等城市（见图 6-2）。

展望未来，进一步加大城市包容度是上海城市精神和城市品格的必然要求。习近平总书记 2007 年在上海工作期间概括了“海纳百川、追求卓越、开明睿智、大气谦和”的上海城市精神，2018 年在首届中国国际进口博览会开幕式主旨演讲中指出“开放、创新、包容已成为上海最鲜明的品格”，强调“这种品格是新时代中国发展进步的生动写照”。后疫情时代，国内外城市越来越关注对流动人口的包容性，以促进经济恢复和活力重振。如东京在 2021 版《“未来东京”战略》中，从危机管理、服务保障、住房和社区建设等方面提出了一系列包容性政策举措，旨在打造“人人闪耀”的东京；《纽约 2050》也将包容性作为核心理念，并从决策参与、经济、教育等方面提出发展策略。

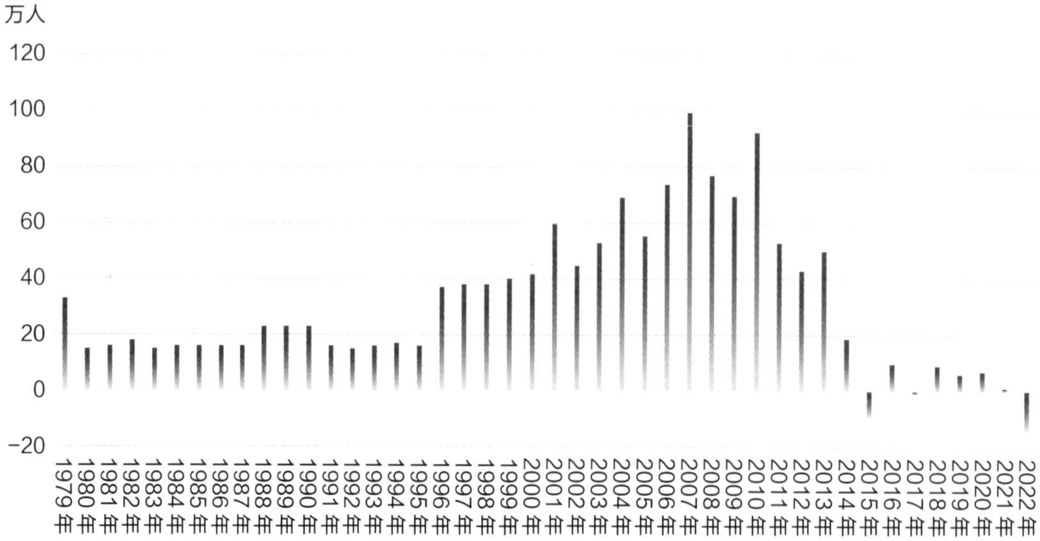

图 6-1　1979—2022 年上海市常住人口规模年度增量情况

（数据来源：相关年份《上海统计年鉴》）

2　数据来源：相关年份《上海统计年鉴》。

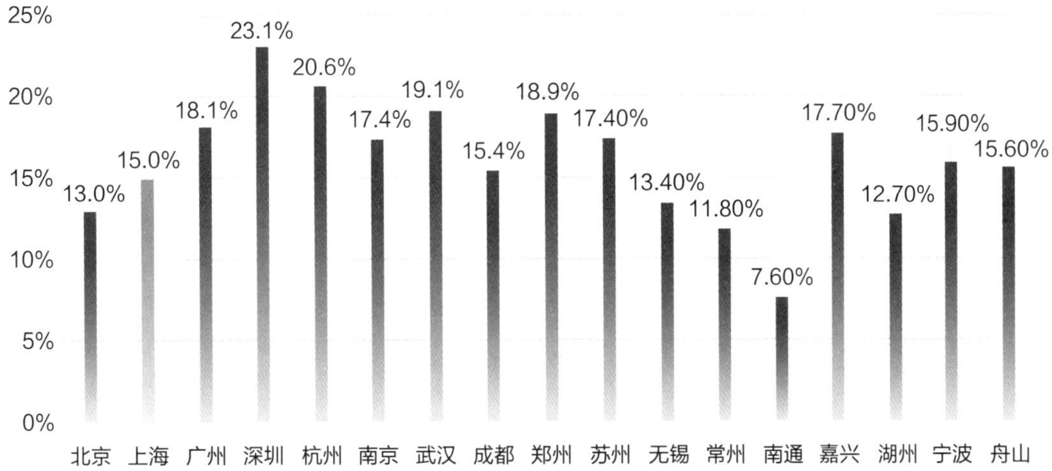

图 6-2　2020 年上海和其他主要城市新市民群体占常住人口比重对比情况

（数据来源：第七次全国人口普查数据）

二、上海新市民人群特征及相关基本公共服务政策供给

考虑到前五年是新市民融入城市的关键阶段，也是人口统计中的重要时点，本次研究将“**来到上海五年以内的常住人口**”作为新市民群体。

（一）新市民以外省市来沪青年人为主，其居住地主要分布在中心城和外围轨道交通沿线地区

2020 年，上海新市民群体约 370 万人，约占常住人口的 15%。从空间布局来看，居住在中心城的新市民规模最大，占到全市总量的 36%（见表 6-2）。此外，**中心城周边轨交沿线也是新市民居住地分布相对集中的地区**，南翔、江桥、徐泾、泗泾、浦江、周浦、唐镇、曹路等生活成本相对较低且具备一定交通区位优势的地区，吸引集聚了相对较多的新市民群体（见图 6-3）。

表 6-2　2020 年上海市新市民群体空间分布情况

范围	中心城	主城片区	新城	其他地区
新市民规模（万人）	133	56	52	128

（数据来源：第七次全国人口普查数据）

上海新市民以外省市来沪的年轻人为主。新市民中超过 92% 的群体为外省市户籍，总量达到了 340 万左右。其中，近三分之二是年龄在 15 ~ 34 岁的青年人，总量约 244 万，而 60 岁以上年龄段的老年人仅占新市民总量 5%（见图 6-4）。

图 6-3　2020 年上海市新市民群体分布密度示意

（数据来源：第七次全国人口普查数据）

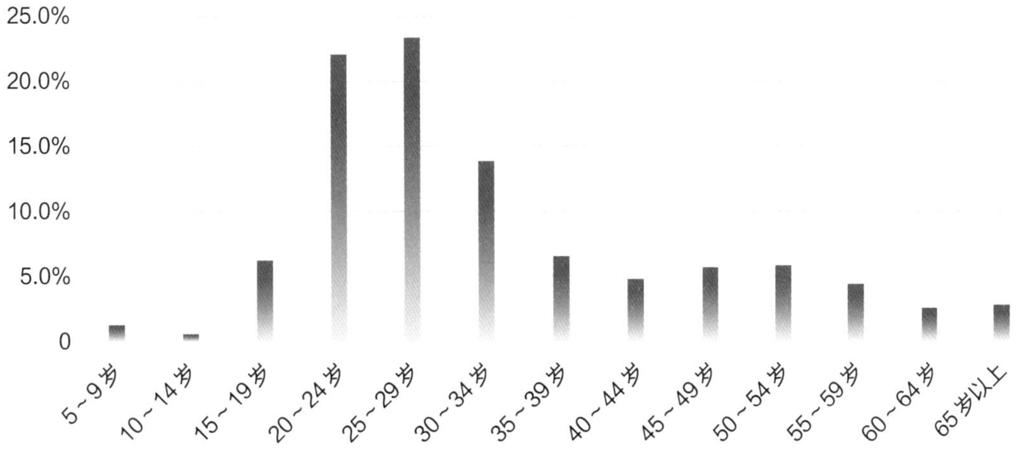

图 6-4　2020 年上海市新市民群体年龄结构示意

（数据来源：第七次全国人口普查数据）

新市民群体的学历水平高于全市常住人口平均水平。数据显示，拥有本科及以上学历的新市民规模在 120 万左右，超过新市民总量的三成（见图 6-5），是全市常住人口平均水平的 1.4 倍。新市民群体中拥有硕士、博士学历的人口规模超过 30 万人，其比重分别是 7.3% 和 1.1%，是全市常住人口拥有相应学历人口比重的 1.9 倍和 2.0 倍。

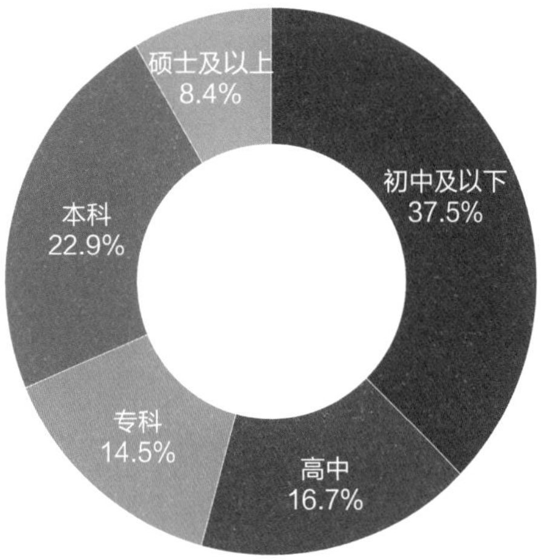

图 6-5　2020 年上海市新市民群体学历结构示意

（数据来源：第七次全国人口普查数据）

根据人群特征，可将新市民群体分为以下三类：**一是高学历人群**，约有 80 万人（不包括在校生），他们拥有本科及以上学历，一般从事着白领工作，大多怀揣着与城市共成长的想法，希望能在上海立足扎根，获得发展机会、实现自我价值。**二是普通外来务工者**，有 200 多万人，他们学历较低、农村户籍占比高，主要在城市中承担相对基础的服务工作，以及在产业园区、建筑工地当蓝领工人，他们更多看重上海相对较高的收入水平，相当一部分人并没有在上海长期生活的意愿和能力。**三是随迁人员及求学者**，约有 70 万人，主要指跟随前两类人群来到上海生活的子女和老人，以及赴上海求学的大学生等。

（二）上海已经依托居住证制度建立了“责权对等、梯度赋权”的基本公共服务供给制度

上海作为国内人口跨省流入的主要目的地之一，市政府为保障广大新市民的合法权益，综合考虑当前阶段公共服务设施承载能力和政府财力，围绕“严格控制特大型城市人口规模”要求和高水平人才高地建设需求，**已初步建立了与居住证制度和人口管理制度相适应的“责权对等、梯度赋权”的基本公共服务供给制度。**

专栏一：上海居住证制度演变及权益

上海早在 1992 年，针对具有特殊才能的少数人才实施了人才引进“工作居住证”，并赋予了这类人才在住房、子女入学及社会保障等方面的社会福利，之后 2002 年上海进一步放宽人才居住证范围。

2004 年，上海将人才居住证制度推广到普通居住证。2013 年，上海正式颁布《上海市居住证管理办法》，规定持证人在本市**享有劳动就业，参加社会保险，缴存、提取和使用住房公积金的权利，并享有义务教育、基本公共就业服务、基本公共卫生服务和计划生育服务、公共文化体育服务、法律援助和其他法律服务等基本公共服务。**

上海已建立了重点向高学历、高专业技术职称和技能等级以及创业人才倾斜的居住证积分制度（见图 6-6），居住证积分成为享受基本公共服务的重要条件。其中，持有居住证且积分达标人员，相比于户籍人员尚不能享受廉租房申请、养老和扶弱相关的公共服务项目，如老年人社区居家照护服务、机构照护服务、残疾人养护服务、残疾人教育，以及城乡居民最低生活保障、特困人员供养、城乡医疗救助、养老服务补贴、老年综合津贴、义务教育资助等补贴救助等。持有居住证但积分未达标人员，相比积分达标人员，尚不能享受子女在沪参加中考、高

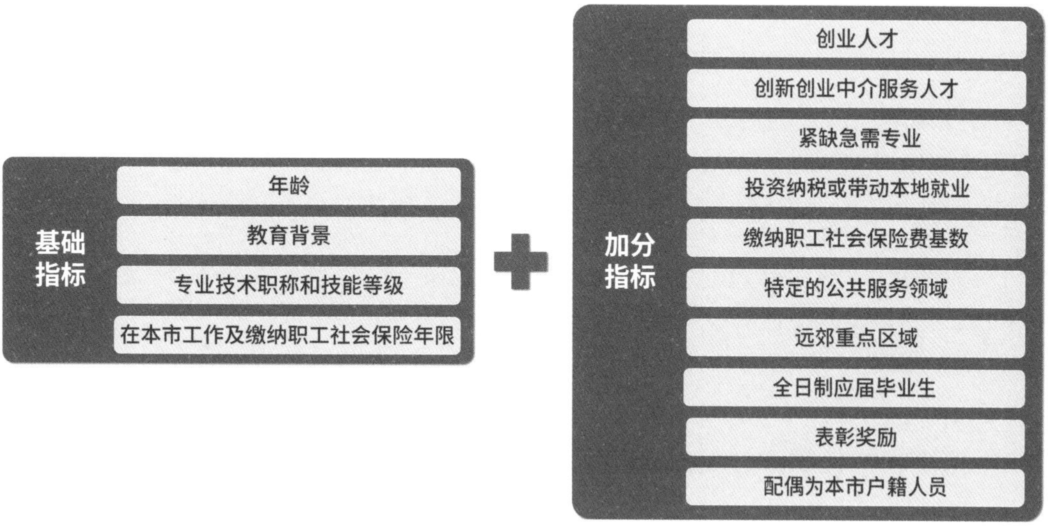

图 6-6 上海市居住证积分规则示意

（根据《上海市居住证积分管理办法》整理绘制）

考，城乡居民基本医疗保险，申请购买共有产权保障房等权益。无居住证的人员，目前均能享有基本救助保障服务，如基本药物供应保障、传染病与突发公共卫生事件报告处理、食品药品安全保障、院前医疗急救、疾病应急救助、受灾救助、流浪乞讨人员救助等。

虽然不同特征的新市民对城市公共服务功能设施的需求也不尽相同，如性别、年龄、收入、婚姻状况、子女数量等差异均会影响其对公共服务的实际需求，但住有所居、病有所医、幼有所育、学有所教是所有新市民群体共同的最基本需求。新市民群体中的普通外来务工人员，收入和受教育程度通常不高，没有稳定工作，具有高流动性特点，他们抗风险能力低，社会保险参保意识也不强，对疾病或意外等风险抵御能力较弱，尤其需要城市基本公共服务为其生产生活“托底”。

三、促进新市民更好融入城市的对策建议

上海是一座流动的城市，在构建以国内大循环为主体、国内国际双循环相互促进的新发展格局下，它还将接纳更多来自全国乃至世界各地的人们。如何促进不同类型的新市民群体更好融入城市，提升城市活力和软实力，促进经济、社会、资源等协调发展，将是上海长期面临的重要命题。未来，上海在遵循国家人口政策和户籍改革要求的前提下，**宜逐步实现市民基本公共服务与户籍脱钩，努力满足新市民多层次多样化服务需求。**

专栏二：日本住民票和本籍地的二元化户籍管理制度

日本的户籍由民政部门管理，户籍与居住地分离，且税费、社会保险、社会福利等均与户籍脱绑，随着居住地变更而发生迁移。在日本更换居住地后，原则上需要在 14 天内办理地址变更并换领住民票。在办理住民票的时候，需要带上租赁合同等证明材料到各级役所办理备案，但这不是一种行政审批。

以东京市江东区发布的《江东区育儿手册 2016》为例：申请入学只有一个条件，就是居住在本学区内，如果人数超过学位数，则以抽签决定。

（一）提高新市民基本公共服务保障水平

首先，提高住有所居、幼有所育、学有所教、病有所医等基础性公共服务的覆盖面。从目前居住证的申领和赋权来看，涉及到保障性住房、孕产期保健、儿童免疫保健、义务教育服务和资助、城乡居民基本医疗保险等基础权益方面，是通过居住证积分管理来进行分梯度服务供给的。未来，建议适当加大上述基础性服务的覆盖面，切实给予因为各种原因没有申领居住证或积分未达标的新市民群体更多基础生活保障。

其次，加大基本公共服务供给政策向关键岗位人员倾斜的力度。从目前居住证的积分规则来看，年纪越轻、学历或专业技术职称或技能等级越高、投资纳税或带动本地就业越多者积分越高，而保障市民基本生存、确保城市正常运转、维护社会安全稳定的关键岗位人员在居住证积分赋权体系中处于劣势。建议完善有关政策机制设计，使得居住证积分管理政策既要向促进城市核心竞争力提升的人才倾斜，也要向保障城市基本运行的关键岗位人员倾斜。

（二）细化适应新市民多层次多样化服务需求

在保障基本公共服务基础上，作为一座有温度的包容性城市，上海还需要主动去关怀新市民在快速落脚和融入城市过程中多层次、多样化的需求。

一是落脚期的就业生活支持。目前上海已针对新市民出台了人才租房补贴、就业指导服务等支持措施，2022 年宝山区还先行先试，针对持有本区企业面试邀请函的高校毕业生推行 3～7 天免费住宿。未来上海可以借鉴深圳、北京等城市做法，针对新市民落脚期的需求提供更细致入微、更有温度的就业生活支持。如设置功能复合的新市民服务中心、落脚驿站，提供资源共享、信息咨询、政策培训以及行李代收、短住周转等综合服务；开设多种形式的新市民学校，提供入市生活指南、职业技能培训、家庭理财培训等；加大金融支持力度，提供短期小额贷款等。

专栏三：深圳为高校毕业生提供短期免费住宿

"青年驿站"是深圳团市委于 2014 年创建的项目，为来深应届高校毕业生免费提供 7 天短期住宿、就业帮助、城市融入服务的公益项目，旨在解决毕业生求职难、住宿难的燃眉之急，打造"来深青年之家"。

大专以上高校应届毕业生以及毕业尚不满 1 年者，只要在深圳没有固定住所，就能够申请入住"青年驿站"。目前，深圳全市10个区已建立20家青年驿站，分布于各区繁华地段的交通枢纽附近，累计服务来深大学毕业生 3 万余人。许多青年即便在深已立稳脚跟，也时常回来参加青年驿站举行的团建活动。

专栏四：北京市海淀区一站式全方位服务新市民

为加快建设"人文北京、科技北京、绿色北京"和中国特色世界城市的步伐，北京市海淀区全面打造新市民的文明形象，让新市民尽快融入城市社会，成立了"新市民就业指导小组"，引导新市民树立正确的择业观念，对新市民自主创业给予了政策上的支持。采取新市民与老市民"结亲"的方式，让新市民与老市民在良好的互动中，潜移默化地增长见识，提升待人接物的处世能力。依托区校共建平台，在新市民社区开设了"漫谈人际交往"系列讲座，挂牌成立了一所"海淀区新市民学校"，制订了《海淀区新市民培训教育规划》，组建起一支 50 人的教师团队，主要用于培养培训新市民科学文化和专业技能。

二是融入期的社会人文关怀。该时期是新市民与城市其他群体相互碰撞、相互接纳、相互渗透、彼此适应的过程，是促进新市民更好融入城市的重要阶段，需要通过营建城市多元文化"相互包容、和谐共存"的社会生态，不断提升新市民的身份认同感和归属感。但该时期，大多数新市民群体尚不具备参与基层民主选举和参加社区管理的条件，利益诉求难以在城市公共政策的制定中得到充分反映，这就需要重视非政府组织或非营利性社会服务机构在社区基层治理中的作用，拓宽新市民诉求表达的常态化渠道，进一步帮助新市民融入社区，共同营造人人公平参与的社区治理模式。

（三）加强对新市民重点集聚地区的服务供给

中心城尤其是浦西内环以内是新市民规模最大、密度最高的地区，建议进一步加大保障性租赁住房供给力度。着力引导多主体投资、多渠道供给，通过新建、改建、盘活存量等多种方式，探索趸租房等多种模式，筹集租赁房源，让新市民在中心城能安居、继而乐业。尤其应重点关注对通勤时间最为敏感的关键岗位人员群体，

专栏五：武汉市爱熙社会工作服务中心联合粮道街道东龙社区开展流动儿童城市融入项目

东龙社区成立于2009年，是由东龙世纪花园小区、省广电宿舍、省高法宿舍、粮道街派出所宿舍等小区组成的新型社区。社区现有户数3 512户，总人口9 699人，流动人口1 670人，绝大多数为携带未成年子女的流动家庭租住户，子女大多就读于大东门小学。学校现有学生500余人，其中流动人口的子女占80%，共400余人。为关爱流动儿童，帮助他们健康成长，顺利地融入城市生活之中，武汉爱熙社会工作服务中心联合社区，通过问卷调查、走访、资料查询等形式，了解流动儿童需求，开展流动儿童城市融入项目，针对流动儿童个人成长开展习惯养成、心理辅导、特长培训等各项服务和活动，包括：

（1）提供参与互动平台，构建流动儿童社区支持网络。

（2）创造满足流动儿童知识增长、娱乐身心、智慧科学的健康社区环境。

（3）开展兴趣培养、家庭教育、兴趣养成、智慧托管等服务，促进流动儿童自我能力的提升及多元智能发展。

（4）带动流动儿童参与社区建设，促进对社区的认识，培养社区主人翁意识，关心社区建设。

（5）打造“智慧东龙”天使之家流动儿童城市融入项目特色品牌。

保障其基本居住和特殊公共服务需求。**中心城周边轨道交通沿线地区是新市民相对集聚的地区，建议进一步加强公共服务设施配套建设**。这些地区生活成本相对较低，且具备一定的交通区位优势，对新市民的吸引力较强，但同时也是公共服务设施供给相对薄弱的地区，需要抓紧补足基础教育、医疗等设施短板。**新城是全市未来最主要的新市民群体导入地区，需要全方位加强基本服务保障**。新城作为上海整体战略布局和辐射长三角的关键节点，也是上海高端产业引领功能的重要支点。目前来看，新城保障性租赁住房供给规模相对充足，但在空间布局上需进一步优化，统筹考虑企业集中、交通便利、配套完善等因素，避免闲置空置和资源浪费。适度超前安排公共服务设施建设，让新城成为新市民来沪的首选地和蓄水池。

习近平总书记强调，城市不仅要有高度，更要有温度。在上海，人人都有机会出彩；在上海，每个人都是上海人。上海应进一步彰显“海纳百川、追求卓越、开明睿智、大气谦和”的城市精神，持续加强新市民群体服务保障，努力探索践行人民城市理念的新样板。

党的二十大报告明确指出，中国式现代化是人与自然和谐共生的现代化。提升生态系统多样性、稳定性、持续性是美丽中国建设的关键事项，生物多样性保护也已成为全球城市追求的共同目标。“万物各得其和以生，各得其养以成”，城市地区是人类与其他生物共生共栖的空间。全球范围内有 34 个“生物多样性热点”位于人类活动密集的“大城市”。城市不仅是迁徙物种的重要中转站，而且拥有高水平的生物多样性。上海具备世界级河口海洋湿地城市和高密度超大城市的双重特征，形成了陆海交汇的独特生境环境，具有丰富的生物多样性资源，但应对生物多样性保护的新要求，依然面临着保护意识不强、空间维护不足、统筹力度不够、协调机制不畅等问题。因此，为综合提升全市生态环境品质，创建人与生物共同的家园，彰显卓越全球城市的生态使命与担当，需构建系统性的生物多样性保护体系，统筹推进生物友好型城市建设。

CHAPTER 7

第七章

打造生物多样性保护体系，建设生物友好型城市

生物多样性和生态系统服务是人类生存和社会经济可持续发展的物质基础。着力提升生态系统多样性、稳定性、持续性也是美丽中国建设的重要任务。2021年10月12日，习近平主席在《生物多样性公约》第十五次缔约方大会（COP15）领导人峰会指出，生物多样性关系人类福祉，是人类赖以生存和发展的重要基础。上海位于亚热带季风性气候带、世界第三大河流长江入海口，拥有得天独厚的陆海资源，城市、农田、咸淡水湿地、滩涂湿地、森林等丰富的生态系统在此交融汇聚。生物多样性是上海城市生态系统的重要表征，也是上海建设生态之城的重要基础，是持续提高城市生态韧性、积极应对气候变化、实现绿色可持续发展的重要支撑和保障。推动城市生物多样性保护，是面向“上海2035”生态之城目标下全方位提升生态品质的重要行动。

一、上海生物多样性本底特征

上海是世界上湿地比例最高的城市之一，也是我国滩涂湿地的主要分布区，**亦是生物多样性丰饶之地，迁徙水鸟、长江水生生物等特色物种的丰度极高。**

（一）上海是全球生物多样性的重要节点

上海是世界自然基金会（WWF）生态敏感地区和全球湿地生物多样性保护238个热点地区之一。全球重要的“东亚—澳大利西亚”候鸟迁徙路线从上海穿过，每年有上百万只（次）候鸟栖息或过境。据统计，**目前上海已记录到鸟类22目80科251属519种，占全国鸟类种数的34.6%**，野生鸟类占上海野生动物种类总数的84%[1]，是当之无愧的“候鸟天堂”。长江口湿地也是许多重要经济鱼类和大型无脊椎动物产卵、育幼和觅食的场所，鳗鲡、暗纹东方鲀、刀鲚等大量经济鱼类在上海栖息。截至2022年底，上海森林覆盖率达18.51%，分布有原生植物800余种[2]。獐、貉、狗獾等40多种兽类，10多种两栖类动物，30多种爬行类动物，3 090种昆虫[3]，都在上海安了家。

（二）上海拥有丰富的珍稀野生动物

上海地区共计约75种野生动物和25种野生植物被列入《世界自然保护联盟

[1] 上海发布．摸清生物多样性“家底”！上海首次全面的生物多样性本底调查今年启动[EB/OL].（2023-5-24）.

[2] 杜诚，汪远，闫小玲，等．上海市植物物种多样性组成和历史变化暨上海维管植物名录更新（2022版）[R]. 2023.

[3] 大城小虫工作室．上海昆虫名录（2023版）[R].2023.

（IUCN）红色名录》。珍稀濒危野生动物主要分布在长江河口滩涂湿地，包括国家一级保护动物长江江豚、中华鲟、白头鹤、黑脸琵鹭、小灵猫等（见图 7-1 ~ 图 7-3），共计 31 种；小天鹅、震旦雅雀、貉、豹猫等[4]国家二级保护动物 101 种。以鸟类为代表，上海的珍稀物种[5]种类涵盖了《中日候鸟及其栖息地保护协定》下的 185 种鸟类和《中澳候鸟及其栖息地保护协定》下的 56 种鸟类。每年百万只次鸻鹬、白头鹤、小天鹅等珍稀鸟类在上海滩涂湿地上越冬和停歇，长江河口逐步成为“鸟类的天然博物馆”。同时，上海还分布有一级重点保护野生植物 1 种，为濒危物种中华水韭，二级重点保护野生植物 15 种[6]。

图 7-1　珍稀濒危物种中华鲟

（图片来源：张斌）

图 7-2　一级保护动物小灵猫

（图片来源：张斌）

图 7-3　黑脸琵鹭

（图片来源：张斌）

（三）上海生物多样性水平逐步提升

近年来，**上海生物多样性的受关注度不断提升，本土新物种屡有发现**（见图 7-4 ~ 图 7-6）。上海奉贤西渡地区发现了在上海乃至长三角地区从未被记录的蕨类新物种——柄叶瓶尔小草，对于研究蕨类系统发育和蕨类区系分布具有重要意义；上海动物园首次发现了从未被人类记载的新物种——西郊公园毛角蚁甲，并建立了中

图 7-4　柄叶瓶尔小草

（图片来源：上海自然博物馆）

图 7-5　上海的貉

（图片来源：张斌）

图 7-6　西郊公园毛角蚁甲

（图片来源：陈志兵）

[4] 上海市生态环境局 . 上海市生物多样性保护战略与行动计划（2023—2035 年）（征求意见稿）[A].2023.

[5] 上海市重点保护野生动物名录。

[6] 国家林业和草原局，农业农村部 . 国家重点保护野生植物名录 [EB/OL].（2021-9-7）.

国大陆第一个以“乡土动物”冠名的展区。同时，上海城区生态环境大幅改善，为城市生物多样性保护提供了扎实的生态本底，通过重新引入和自然迁徙的手段，**上海本土野生动物正逐步回归城市生态系统**。目前为止，野生貉出现在上海 150 个社区，全市貉的数量估计在 3 000 ~ 5 000 只。

二、上海生物多样性维护的基本情况

（一）生物多样性保护的多领域规划和行动持续推进

自 1994 年国家生物多样性保护行动计划实施以来，上海市积极落实国家政策法规，相继颁布了环境、绿化、森林、自然保护区等相关条线与特定区域的政策法规文件，为生物多样性保护奠定了生态基础。2013 年率先出台了《上海市生物多样性保护战略与行动计划（2012—2030 年）》，从规划计划层面正式开启了生物多样性保护序幕。此后，全市定期开展生态环境调查、一级公园绿地野生动物多样性调查与监测、渔业资源保护和增值放流等工作，各保护区也开展生物多样性监测工作，初步摸清了本市生物现状及动态，建立了相关物种数据库，出版了《上海植物志》《上海鱼类志》《长江口鱼类志》等物种编目志书。

随着生物多样性保护上升为国家战略[7]，2022 年上海发布了《关于进一步加强生物多样性保护的实施意见》（以下简称《实施意见》），成为生物多样性保护方面规格最高的纲领性文件，是今后一段时期上海生物多样性保护的“蓝图”。在法规制定方面，2023 年《上海市野生动物保护条例》颁布，补足本市野生动物保护地方立法空白，建立和完善了全市野生动物栖息地制度（见图 7-7）。

近年来，上海依托社区的生物多样性保护行动也在逐步开展，长宁区生境花园建设取得了示范引领成效。长宁将“生境”与“花园”合二为一，遵循生物群落的自然演替规律，使用本土植物，杜绝外来入侵植物，丰富植物群落结构，减少农药化肥使用，同时为野生动物提供辅助的食物、水源和庇护所，在高密度城区中建设了一批“具有栖息地功能的花园”。2022 年，长宁区乐颐生境花园入选 COP15“生物多样性 100+ 全球典型案例”，成为向世界展示和传播上海生物多样性保护的重要实践成果（见图 7-8）。

[7] 2021 年 10 月，中共中央办公厅 国务院办公厅印发《关于进一步加强生物多样性保护的意见》。

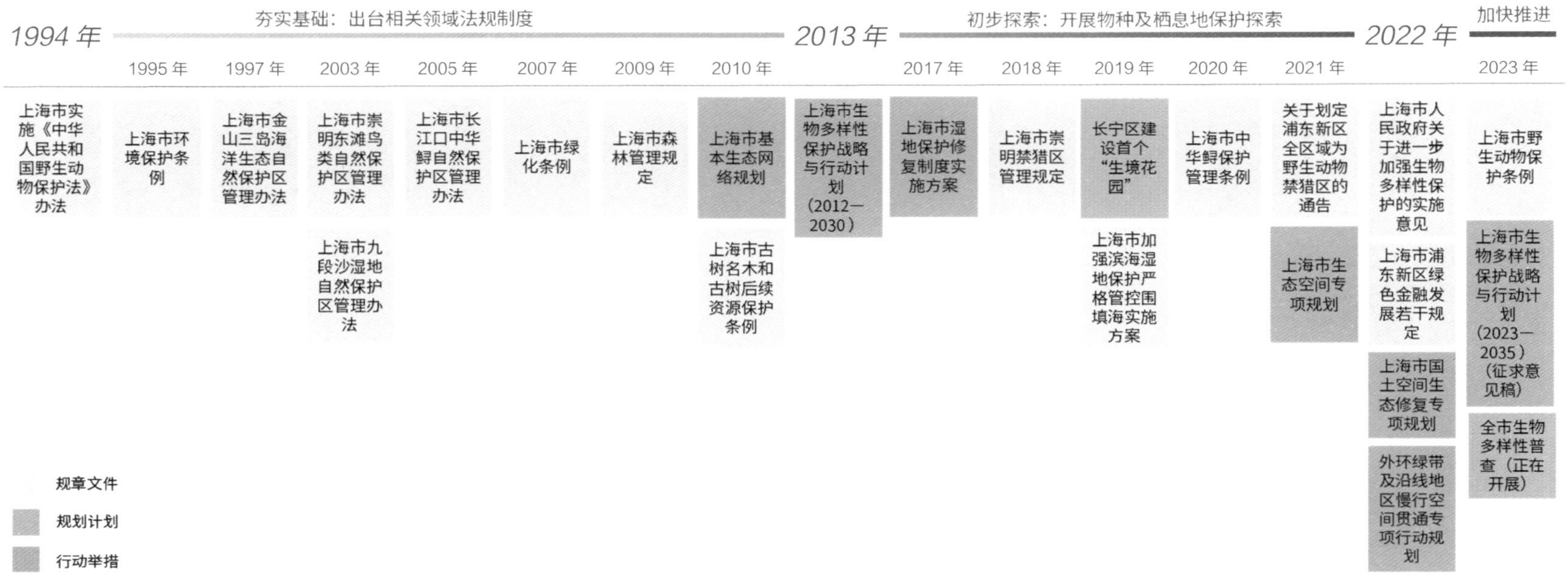

图 7-7 上海生物多样性保护工作进程梳理

（a）长宁区乐颐生境花园　　　　（b）长宁区虹旭生境花园

图 7-8　生境花园实景图

（图片来源：大自然保护协会）

（二）人与自然和谐共生背景下仍存在亟待解决的关键问题

“上海 2035”城市总体规划明确了建设生态之城的目标，将不断朝宜居生态、安全韧性的社会主义现代化国际大都市迈进。但同时上海也面临着高经济密度、高人口密度和资源紧约束的条件限制，在促进万物共栖共生、建设生物友好型城市方面，存在诸多挑战。

1. 保护意识不强，尚未形成生物多样性价值共识

一是关注维度较为单一，对城镇空间内的生物多样性价值缺乏认识。目前，生物多样性保护仍局限在生态红线、自然保护地等开发边界外生态空间，而在高密度城镇空间内生物多样性保护与培育尚处于起步阶段。在开发建设、存量更新等环节中对于生物多样性保护缺乏考量。基因多样性、物种多样性与生态系统多样性在价值判断上尚未形成多领域的价值共识，生物在高密度建成环境中生存仍面临严重威胁。城市建设带来的自然栖息地破坏、城市热岛效应、夜间人造光等，使得物种之间相互作用脱钩，甚至导致物种的消失，而建成环境中的替代生境建设、重点物种栖息地保护仍未得到足够重视，生物在城市环境中成为明显的“弱势群体”。

二是公众对生态系统整体性的认识有待提高，与生物共栖共生的理念尚未深入人心。超大城市的生态系统具有特殊性，人的行为对生态系统本身产生较大的影响。一方面，随意遗弃宠物、放生动物等行为屡见不鲜，易造成小区域内食物链关系失衡和系统性生态威胁，如城市遗弃野猫种群增加会对鸟类的生存繁衍产生巨大威胁。另一方面，公众投喂野生动物食物或者直接伤害的现象仍时有发生，更广泛地对人与生物在城市中共生共栖的举措和理念进行科普，显得尤为重要。

2. 空间维护不足，缺乏体系性的空间规划指引

一是生物多样性“家底”不清，导致监管决策时缺乏“物种证据”。既有生物多样性的数据收集往往以物种观测数据的形式体现，更多地关注开发边界外重点地区，或单一物种，难以有效支撑全域系统性的生物多样性保护、监管和决策。同时，跨部门数据信息共享不畅，难以及时、全面、准确反映生物多样性变化趋势和特征。2023 年，上海市首次开展全市生物多样性普查工作，但对标德国、英国等地多年长期持续的生物监测工作，在全域生境制图及价值评价方面仍存在差距，**全市生物多样性空间数据库也有待建立**。

二是在自然保护地体系之外，覆盖全市域的空间维护指引尚缺乏。上海目前初步形成由自然保护区、国家森林公园和国家湿地公园组成的自然保护地体系，面积达 114 805.79 公顷[8]，尽力维持生态系统原真性、系统性、完整性和可持续性。但在自然保护地之外，**上海尚未构建系统性、全域全覆盖的生物多样性保护体系**，目前城市绿地保护提升的主要方向集中在城市景观环境的美感、精致度方面，生物多样性和生境营造的探索还仅限于长宁区等少部分地区的点上实践。

3. 统筹力度不够，尚未形成整体性系统性行动实践

近年来，上海有多家非政府公益组织（NGO）发布了多类生物多样性保护行动指南，如城市荒野发布的《上海夜间生物观察指南》《上海水鸟观察入门指南》《上海林鸟观察入门指南》《上海野花观察入门指南》，大自然保护协会（TNC）发布的《生境花园设计师手册》等。但**自下而上的行动指南往往只关注单一领域，尚未形成系统性的行动实施计划，生物多样性保护行动的效益仍有较大的提升空间。**

对标深圳、北京以及国际城市经验，**目前上海对于生物友好型设计、建设和管理的关注还不足，并缺乏广泛的行动实践**。在公共空间设计、建筑设计等方案中，城市森林营造、防止玻璃幕墙撞鸟、“生物服务设施”[9] 等国际既有成熟做法与理念尚未有行动实践。

4. 协调机制不畅，多部门各环节分散式管理

目前生物多样性监测、野生动物栖息地保护、自然保护地与生态红线等各项生物多样性保护工作分属不同市级部门管理，监测评估结果无法有效衔接空间规划，空间规划内也缺少生物多样性保护理念的深入体现。从部门管理权责上来讲，**生态**

---

[8] 中央广播电视总台上海总站 . 上海：建成 22 个野生动物重要栖息地 [EB/OL].（2022-10-10）.

[9] “生物服务设施”指城市中为生物生存提供服务的设施点，如昆虫旅馆、鸟类饮水点等设施。

环境部门作为生物多样性保护的统筹部门，仍缺乏实施推进抓手。物种与其栖息环境的管理分离，导致保护行动目标难以实现统一，物种管理部门的空间抓手有限、关注领域受限，生物之间的相互作用被忽视，系统性的保护行动协调难度大。因此，**上海市生物多样性保护的战略与行动计划在内容上虽然已较完善，但依旧面临保护行动落地实施难的困境。**在新时代人与自然和谐共生的理念引领下，亟待形成有效的协同管理机制，打通“标准制定—监测评估—空间管控—行动指引—实施监督”的完整逻辑链条，并形成政策保障，尤为关键。

此外，在制度保障方面，目前生物多样性保护的资金来源单一，绿色金融支持生物多样性保护的范围有待扩展[10]。深圳等城市已将生物多样性保护与企业社会责任充分结合，鼓励上市公司主动披露 ESG[11] 信息，探索形成政府主导、行业引导、

专栏：国内城市生物多样性保护的实践案例

生物友好城市建设是大都市的共同追求，很多城市已具有多年统筹实践经验。

北京：近年来，北京先后发布了《北京生物多样性保护规划（2021—2035 年）》《北京市生物多样性保护园林绿化专项规划（2022—2035 年）》《绿隔地区公园高质量发展三年行动计划（2023—2025 年）》，构建了以自然保护地体系为核心、结构性绿地和自然带（含保育小区、生态保育核、生物多样性示范区、留野区、小微湿地等）体系为补充的全域生物多样性保护空间格局，配套出台了《城市绿地鸟类栖息地营造及恢复技术规范》《北京市野生动物保护管理执法协调机制》《自然带营造核管理技术指南（试行）》等多项制度、规章和文件，多部门协同参与，系统性推动全市域生物多样性的维持与改善。

深圳：在数据基础方面，早在 2013 年到 2016 年，深圳就在全域范围内完成第一轮野生动植物调查，摸清了全市生物“家底”，为后续野生动植物保护规划以及空间技术管理奠定了坚实基础。在具体行动实施方面，深圳也进行了多年的探索实践：建立福田红树林国家级自然保护区，是全国唯一处于城市腹地的国家级自然保护区。保护深圳湾湿地，深圳滨海大道整体向北退让 200 米。修建了全国首个用于保护鸟类的交通隔音屏，实施了深圳湾全时段禁渔。在大鹏半岛坪西路，专为野生动物修建了一座生态廊道，搭建生物多样性的“鹊桥”。此外，深圳率先发布全国首份城市生物多样性白皮书，出台《深圳市生物多样性保护行动计划（2022—2025 年）》，统筹推进生物多样性保护。率先实施生态文明建设考核，引导领导干部树立绿色政绩观。大鹏新区的 73.5% 陆域土地被划入生态控制线范围。2014 年，深圳市委、市政府出台的《关于推进生态文明、建设美丽深圳的决定》，规定大鹏新区只考核生态环境保护，不考核 GDP。深圳致力打造自然教育之城，建有 38 个自然教育中心、22 所自然学校，自然和生态宣传教育深入人心。持续建设“志愿者之城”，拥有环保志愿者 18 万人、环保组织 141 个[12]。

---

10 上海市生态环境局．上海市生物多样性保护战略与行动计划（2023—2035 年）（征求意见稿）[A].2023.

11 ESG 是 environment（环境）、social（社会）和 government（治理）的缩写，是一种关注企业环境、社会、公司治理绩效而非传统财务绩效的投资理念和企业评价标准。

12 深圳市生态环境局．超大城市生物多样性保护的深圳实践 [EB/OL].（2023-3-10）.

企业和社会参与的多元共治治理体系。例如腾讯公司对生物多样性保护的承诺已经列入集团 ESG 的管理架构，在深圳总部腾讯大楼防鸟撞实践等一系列行动，为生物多样性维护贡献了企业力量。上海目前仍未形成鼓励企业参与生物多样性保护的政策保障，社会资本参与生物多样性保护的活力有待激发。

综上所述，上海的生物多样性保护体系尚待完善，在价值认识、空间约束、统筹力度、管理协调机制、法律法规等方面均有待提升。上海应以《实施意见》为契机，以凝聚全社会广泛的价值共识为先，构建系统性的保护体系，将目前条线化、散点状的规划与行动统筹起来，着力提升生物多样性维护的效益，切实推动生物多样性保护工作实施落地。

三、形成人与生物和谐共处的价值共识

上海作为具有高密度人居环境特征的超大城市，必须认识到生物多样性保护对人类生存与城市发展的多元价值。**培育生物多样性保护价值共识与公众认知是一个长期过程**，通过生物友好型行动融洽市民与自然之间的关系，推动形成“人与自然和谐共生”的价值共识，是建设生物友好型城市的重要前提，也是**上海建设社会主义国际大都市的责任担当**。

（一）认知生物多样性对超大城市的多元价值

生物多样性有着**维系能量流动、稳定气候变化、提升环境质量、促进经济增长等经济、社会和环境效益，为超大城市构筑了赖以生存的生命之网**。生物多样性维护了城市生态系统平衡，是生态系统生产力、稳定性、抵抗生物入侵以及养分动态的主要决定因素。生物多样性保护在生态文明建设与城市发展建设过程中具有重要意义与多元价值。将生物多样性保护理念融入经济社会发展、生态环境保护、国土空间开发、自然资源管理等城市建设管理全过程，是促进生物友好型城市发展的关键。

（二）提升高密度建成环境中的“生物话语权”

城市应当承担起保护生物多样性的责任，为城市里的生物营造更好的生存机会，**增强“生物话语权”就是要建立重要生物优先的保护意识，充分认识并加强生物多样性优先区域保护和管理的重要意义**，保障重要物种在高密度建成环境的规划决策过程中占有一席之地，积极保护本土物种栖息地，优化生物生存空间环境，保障生物在城市的生存权益，实现生物友好型城市发展愿景。

（三）促进人与自然和谐共处的广泛公众认知

生物多样性保护需要社会各界积极广泛参与，是涉及点—线—面、海—陆—空多维度的重要工作，**需要不断提升公众认知，培育公众生物多样性保护意识，在全年龄、全行业、全方位形成保护价值共识**，利用创新多元的新媒体宣传模式，开展生物多样性教育和宣传工作，鼓励市民与自然重新建立联系，关注自身生活方式对生物多样性的影响，构建人与自然和谐共生的家园，将生物多样性纳入社会主流价值观，形成广泛的公众认知。

四、构建上海生物多样性保护体系

生物多样性保护体系具有整体性、系统性和协同性特征，是建设生物友好型城市一揽子解决方案。借鉴柏林、东京、伦敦等国际城市的实践经验，**生物多样性保护体系主要由三个方面组成：规划体系、行动体系和管理体系**（见图 7-9）。

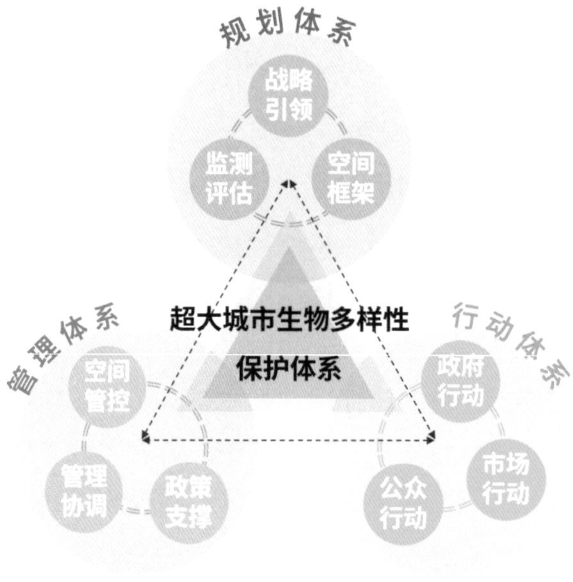

图 7-9　生物多样性保护体系示意图

（一）建立生物多样性保护规划体系

规划体系分为战略制定、空间管控及监测评估多个方面，确保物种调查及栖息地空间的合理布局与监测评估，将生境评价与生物保护及栖息地管控紧密衔接，形成空间管控与补偿策略，切实保障城市生物的生存空间。

1. 强化战略引领，完善顶层设计

突出战略目标，打造生物友好型城市。以“生态之城”建设为目标，贯彻落实《上海市人民政府关于进一步加强生物多样性保护的实施意见》，营造人与自然和谐共生的全球城市。将生物多样性保护作为提高城市韧性、积极应对气候变化、实现绿色可持续发展的重要支撑和保障，凸显生物多样性在社会、经济、民生福祉等各个领域的多元价值。在政策、法规和制度建设中，纳入生物多样性及其多重价值观，将生物多样性保护理念融入各领域、各部门中长期规划。

2. 把握高密城市特征，构建生物多样性保护空间框架

在“上海 2035”城市总体规划确立的“一带、双环、九廊、十区”市域生态网络空间框架下，进一步形成以生态保护红线及自然保护地为核心、城市生态空间网络为框架、“纤维绿网”为补充的生物多样性保护空间格局。**在筑牢生态屏障的基础上，推动自然保护地高质量发展**。探索将城市重要生态空间作为自然保护地体系的补充，科学分类、合理布局、因地施策，拓展生态产品供给。**促进城市重要物种与典型栖息地保护**。通过城市生物多样性普查，加强对珍稀物种、指示种[13]、伞护种[14]、旗舰种[15]等关键物种的识别，理清高密度城区内及城郊地区的重要物种及典型栖息地，并制定针对性的保护行动方案。**完善高密度城区生物多样性网络**。增强对城市生态结构完整性的考量，关注城市生物生活所需的重要栖息源地、连通廊道及生态踏脚石空间，针对城市生态破碎化问题，科学布局立体、多样的生物栖息地网络，织密高密城区“纤维绿网”。

3. 统一调查数据“家底”，形成监测评估机制

保护生物多样性的行动应从盘点和确定基准开始，并配合保护措施的定期监测[16]。在生物多样性评估阶段形成监测基准，有助于城市生物多样性战略与行动规划的制定。**一是建立物种调查数据的空间底板**。目前各部门在条线上已具有多年数据积累，但部门之间的数据协作依然不够顺畅，亟需通过构建统一的标准底板，摸清生物多样性数据“家底”，更有力地支撑规划与行动实施。**二是建立实施评估指标框架**。由新加坡、生物多样性公约组织（CBD）及多方学术机构合作提出的城市生物多样性指数（新加坡指数，CBI）逐渐受到世界各国的重视与应用，巴黎等国际

---

[13] 指示种是指可以反映环境质量或人为干扰程度的物种，或者可以监测其他物种或生态系统变化趋势的物种。

[14] 伞护种是指生存环境需求能够涵盖许多其他物种生存环境需求的物种，通过保护伞护种，可以同时对其他物种起到保护伞作用。

[15] 旗舰种是指能够吸引公众关注的物种，具有公众号召力与吸引力。

[16] 参考文献：新加坡国家公园局．新加坡城市生物多样性指数用户手册 [A]. 2021.

大都市已有多年跟踪评估经验。上海应充分吸取国际都市指标监测相关经验，研究制定城市生物多样性的指标体系与监督评价机制，实现逐年监测跟踪。

（二）形成多领域参与的生物多样性保护行动体系

生物多样性保护需要多领域参与，共同推进保护措施落地。行动体系旨在通过形成政府、社会力量及公众参与等多元行动网络，促进全社会生物多样性保护意识的形成，并在各领域为保护工作做出贡献。

1. 以协同平台统筹各领域行动

形成多行业、跨领域的协同平台，共同推进基于自然的解决方案融入城市规划建设。协同平台应与规划体系中的空间框架充分结合，精准施策，将行动实施与规划空间紧密衔接。在协同平台的基础上，进一步制定各领域行动导则，提供实施指引。结合全市生物多样性网络结构中的关键节点，在公共空间中布局“生物服务设施”。结合社区规划与社区营造，推进生物友好型微改造，鼓励绿色基础设施建设，制定城市生物友好型建筑设计导则，积极推进近自然的设计手法融入城市建成空间。

2. 促进社会力量广泛参与

鼓励企业参与生物多样性维护。在城市环境中，办公楼、商业中心等建筑空间占比较大，企业参与对城市整体生物多样性水平的提升有着显著积极作用。应形成从空间性建议（增加屋顶绿化、垂直绿化等生境）到社会责任体系构建（建立生物友好公司网络等自发合作组织）各方面的企业参与行动建议，支持企业参加生物多样性保护，通过消费者行为和商业活动，促进生物多样性发展，以实现企业承担的社会责任。

3. 将生物友好融入市民生活

增强科普教育，培育理念共识。通过开展生境课堂、自然观察夏令营等活动，拓展“生境 +”沉浸式生态环境教育，为学生提供多元化的学习体验机会，激发学生和社会公众探究生物多样性的兴趣。增强本土动植物、珍稀野生动物等科普宣传，充分运用新媒体、网络平台、社区机构开展生物多样性教育和宣传工作，以新颖的文创及多元活动，全方位提高市民参与生物多样性保护的积极性，营造热爱与珍惜城市生物多样性的氛围，正确引导居民与生物的相处模式。支持公民科学家团队等公众参与活动，吸引公众积极主动参与到城市生物多样性的调查和保护工作中。

（三）完善生物多样性保护的管理体系

管理体系则是空间策略与行动的基础支撑，通过完善立法及政策体系，以精细的生境价值评价与生态补偿机制直接影响建设规划审查流程，以确保保护措施切实落实，维护城市中的“生物话语权”。

1. 建立城市生物多样性空间管控与补偿制度

建立完善的保护法规制度是维护城市生物多样性的有效手段。柏林的生物多样性规划通过纳入景观规划的形式参与柏林市内的分区及开放空间规划，同时通过生态补偿条例将生物多样性的保护与详细规划（德国的 B-Plan）相衔接，参与具体地块的土地开发管控过程。德国的珍贵野生动植物具有**“一票否决权”**，在建设或拆除过程中如发现珍贵野生动植物栖息空间，需暂停工程，论证并寻找替代栖息地。伦敦也提出栖息地条例评估制度（Habitats Regulations Assessment，HRA），以评估新制定的规划是否会对欧洲重点栖息地产生重大影响。上海应建立适宜生物多样性空间管控的工具与生态补偿制度框架，真正将生物多样性保护理念贯彻到落地实施过程中，进一步提高生态精细化治理能力。

2. 探索社会资本参与生物多样性保护的激励政策

生物多样性与长期经济价值的创造息息相关。《新自然经济 2020》报告显示，全球超过 50% 的 GDP 高度或适度依赖于生物多样性。作为全球环境治理的参与者，越来越多的企业和金融机构认识到，经济活动和金融资产都依赖于生物多样性和自然环境提供的生态系统服务，将生物多样性纳入其业务运营可获得直接或间接的效益。目前全球诸多金融机构正在采取一系列 ESG 工具助力生物多样性保护，上海应积极推动在沪金融机构、上市公司、国企将生物多样性相关信息纳入 ESG 框架，并制定配套激励政策（如推动建立生物多样性绿色指数、设立生物多样性基金、增加生物多样性和生态保护投资、开发生物多样性保护金融支持工具等），引导社会资本为生物多样性保护创造新的活力。

3. 完善生物多样性保护和管理协调机制

由于生物多样性维护的空间和环节分属不同市级部门管理，在管理机制上尚难协调统一。应通过建立管理协调机制，衔接上位规划要求，凝聚各部门合力，制定有针对性的在地政策，构建多部门协调一致的调查监测空间数据库，并分区、分类制定城镇、乡村空间中生物多样性优先区的管理与监督策略，建立“标准制定—监测评估—空间管控—行动指引—实施监督”工作闭环，明确主体分工，共同提升城市生物多样性水平。进一步加强城市生态空间保护和治理机制，将区级生物多样性保护的要求纳入林长制、河长制等管理体系中，明确生物多样性保护的领导责任，推动生物多样性保护在城市管理决策中的主流化。

近年来，各种强不确定性、超常规的极端灾害事故在世界范围内频频发生，如何更好适应极端事件挑战已成为城市安全领域的关键命题。上海已经形成了较为扎实的传统灾害事故防灾减灾工作基础，但也存在应急预案指导实效有待加强、工程路径依赖模式面临瓶颈、基层自救互助能力偏弱、技术方法精细化水平有待提高等问题，无法适应极端灾害事故等更加复杂、多样和不确定的安全挑战应对需求。为此，建议立足既有的防灾减灾工程基础，进一步强化极端灾害事故应对，完善场景化、预案式的全过程防灾减灾体系，理顺应急状态下城市运行脆弱性问题和保障需求，完善综合统筹、圈层融合的超大城市防灾减灾资源系统化配置模式，提升全社会安全意识和应急自救互助技能，创新防灾减灾领域数字化转型应用，系统提升防灾减灾能力。

CHAPTER 8

第八章

建立基于场景的防灾减灾体系，系统提升极端灾害事故应对能力

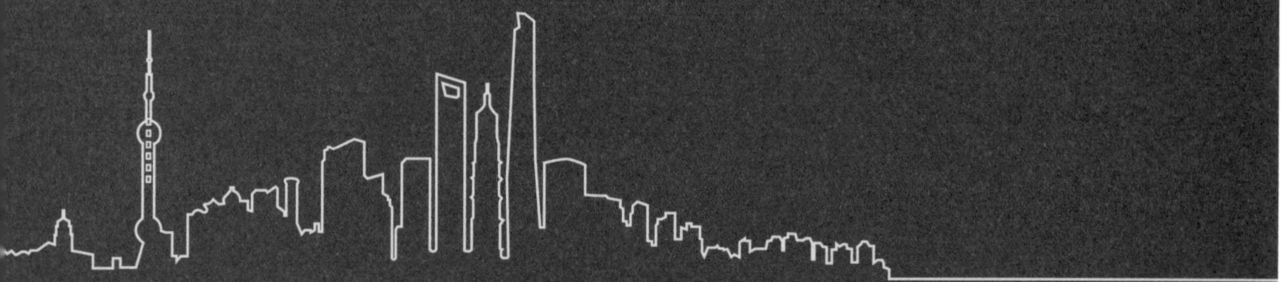

近年来，各类极端灾害事故频繁发生，对正常的城市运行造成严重冲击。为此，国内外许多城市加强了极端灾害事故场景论证，系统谋划城市安全保障能力提升，以期适应更加严峻的风险挑战形势。上海应在传统防灾减灾领域的工作基础上，落实“更可持续的韧性生态之城”发展要求，进一步强化极端灾害事故应对，探索构建更加系统、强韧、高效的防灾减灾体系，为增强城市安全保障能力，助力可持续、高质量发展提供坚实的支撑。

一、超常规、不确定的灾害事故成为城市安全重大挑战

世界范围内，城市安全挑战形势不断变化，**基于静态防灾标准、面向频发性常见灾害事故的防灾减灾体系已无法有效应对极端灾害事故挑战**。一方面，气候变化等缓变型影响逐步累积，传统自然灾害呈现出频率加快、强度加剧、不确定性增强的特点（见图 8-1），如 2011 年日本大地震、2013 年美国纽约桑迪飓风、2022 年欧洲极端热浪、2023 年我国华北“7 · 23”强降雨等极端自然灾害频繁发生，对受灾城市造成了严重的破坏和长远的经济社会影响。另一方面，城市人口、经济社会要素高度集聚，各类基础设施网络纵横交织，构成了无比复杂的孕灾环境，突发事故和公共卫生事件的风险逐渐凸显，类似 2019 年爆发的新型冠状病毒疫情、

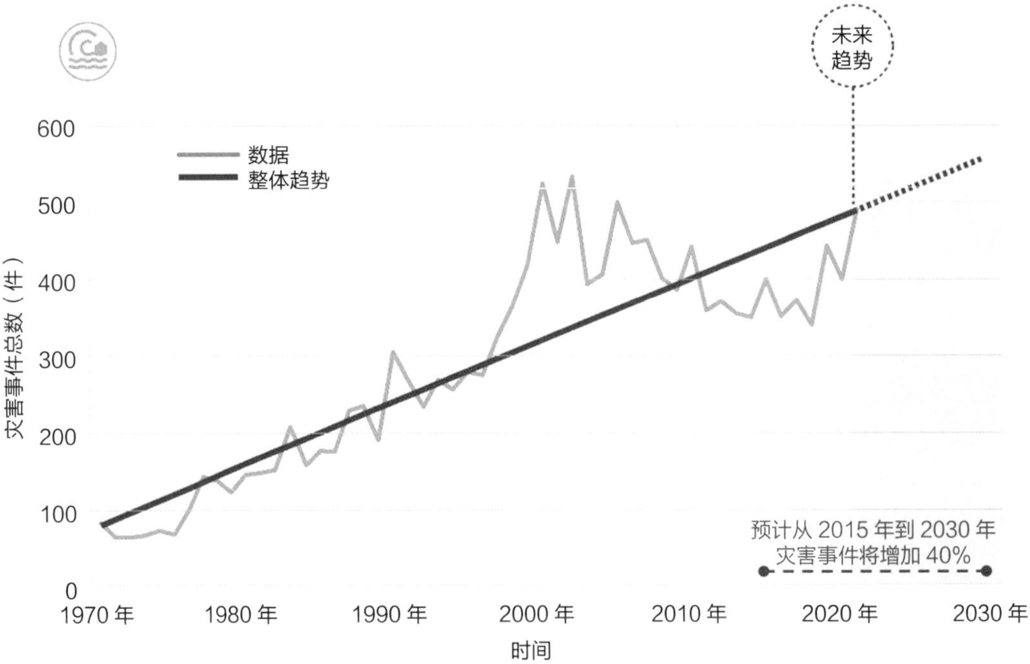

图 8-1　全球中等以上灾害发生趋势

（来源：联合国减少灾害风险办公室《2022 年减少灾害风险全球评估报告》）

2020 年黎巴嫩贝鲁特港爆炸、2021 年湖北十堰燃气爆炸、2022 年韩国首尔梨泰院万圣节踩踏等严重突发事故和公共卫生事件，对城市安全运行形成了极大冲击。

上海面临的安全问题也更加复杂、多样和不确定，极端灾害事故成为影响城市可持续发展的重大挑战。上海处于濒江临海的特殊自然区位，在气候变化和长期风险累积影响下，台风、洪水、暴雨内涝、海洋灾害、地面沉降等自然灾害防治压力与日俱增（见图 8-2）。与此同时，城市各类突发事故风险态势错综复杂，呈现出类型多、不确定性强、空间覆盖广、次生风险高的特点。叠加大规模、高强度的要素流动，公共卫生事件等新型安全挑战形势也更加严峻。“灰犀牛”和“黑天鹅”式风险复合作用，对城市安全保障带来前所未有的巨大挑战。

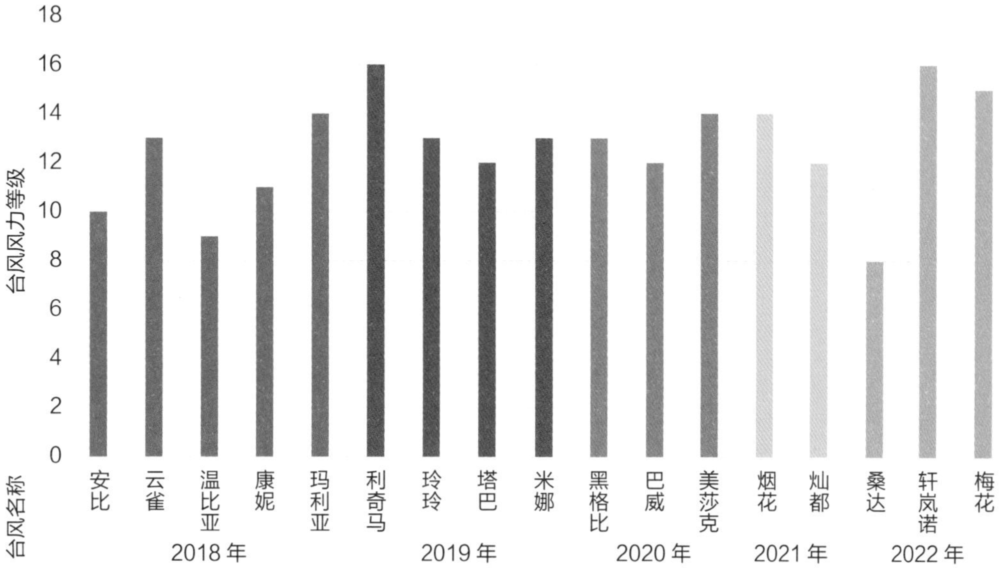

图 8-2　2018—2022 年影响上海的台风情况

［来源：《上海城市安全运行报告（2021—2022）》］

如何提升城市应对极端灾害事故的能力已经成为城市防灾减灾领域的关键命题之一。国内外部分城市逐渐将极端灾害事故风险应对纳入城市安全战略，提出了加强风险评估、完善综合策略、提升基层能力、鼓励技术创新等应对措施。上海也应在既有的防灾减灾工作基础上，加强对极端灾害事故风险的关注，探索构建更具韧性的城市防灾减灾体系，为深化实施“更可持续的韧性生态之城”发展目标、保障城市可持续发展提供坚实的支撑。

二、上海防灾减灾体系存在的薄弱环节

（一）应急预案体系的综合指导作用尚未充分发挥

按照国家《突发事件应急预案管理办法》(国办发〔2013〕101号)，科学编制、翔实合理的**应急预案是指导城市突发公共事件应对最直接的计划安排、规范程序和行动指南**，是城市防灾减灾工作的关键性、基础性依据。

上海市已基本构建了横向到边、纵向到底、网格化、全覆盖的应急预案体系框架，但应急预案的实施效果仍有待提升。**编制方法上**，部分应急预案编制过程中的风险评估和应急资源调查深度不足，尤其是强调操作性的基层部门和专项应急预案，其内容深度距“行动指南”的要求尚存在一定差距，对灾前评估、灾中响应、灾后救援的全过程指导作用有待强化。**预案结构上**，综合性保障预案对城市防灾减灾资源和救援力量的整合仍需加强，目前仅有通信保障和自然灾害救助两项市级综合性保障预案，无法适应极端灾害事故场景下的城市运行状态保障需求。**管理机制上**，部分应急预案没有跟随管理体制机制改革、新兴安全问题发生趋势、防灾减灾技术进步等因素做及时调整，应急预案体系的动态维护机制未得到有效落实。

（二）过度依赖各专业防灾减灾工程建设的模式面临瓶颈

防汛除涝、消防、民防等传统专业防灾减灾规划按照特定防御标准，以重点工程布局和实施为主要抓手，逐步引导建成了较为成熟的专用防灾减灾工程体系。随着**城市风险治理的重点从单一领域、静态标准、简单场景向综合性、动态化、复合型问题转变**，各专业领域自行推动防灾减灾工程建设的模式已面临发展瓶颈，重大工程建设的边际递减效应越发凸显，单纯通过工程投入手段提升防御标准的模式难以为继。此外，不同专业领域条线分割现象依然存在，功能相近的设施重复建设现象较为普遍，防灾减灾工程没有形成系统合力。面对更加复杂、新要求不断涌现的新形势，防灾减灾资源配置亟需从单一工程依赖路径向系统韧性提升路径转变。

（三）应急状态下的基层自救互助能力仍存在短板

良好的防灾减灾文化和基层自救互助能力是降低灾害事故影响、减少人员伤亡的重要前提。日本1995年阪神大地震后相关的调查报告显示，灾后市民自救、社区邻组和路人互助完成的救援行动占比超过97%(见图8-3)。

近年来，上海市应急局牵头大力推进城市防灾减灾文化建设，各类科普教育活动的影响力快速增加。在新型冠状病毒疫情期间，上海市社区应急动员和组织协作也逐渐萌芽，形成了一定的基层自救互助能力。但总体而言，目前城市防灾减灾文

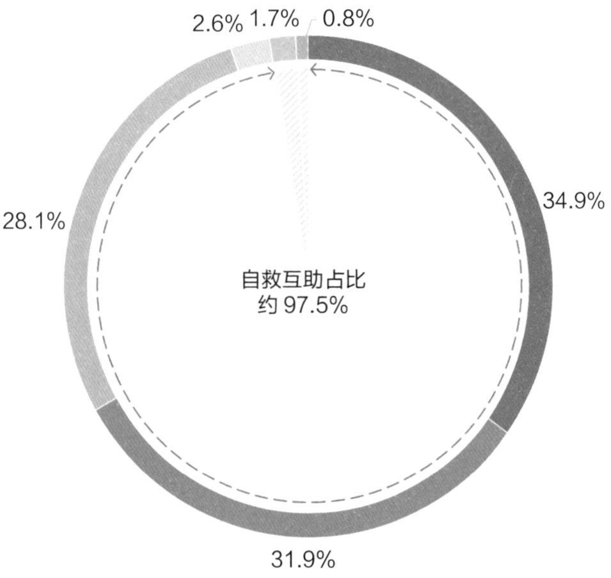

图 8-3 日本兵库县南部地震后被困人员救援方式占比统计
（来源：《日本兵库县南部地震火灾调查报告》）

化建设仍处于起步阶段，存在有效覆盖面不高、科普教育培训设施短缺、演练培训未形成固定机制等问题，市民对潜在的灾害事故风险认识相对模糊，基层防灾减灾能力较为薄弱，应急自救互助技能难以适应突发灾害事故应对要求。

（四）防灾减灾管理技术方法不适应精细化治理要求

精细化治理是推进城市治理体系和治理能力现代化的重要组成部分，上海也已在城市精细化治理方面积累了丰富的经验。在防灾减灾领域，近年来通过自然灾害风险普查等工作奠定了一定的精细化治理基础。但目前仍未形成系统的防灾减灾智慧管理框架，科学分析方法和先进技术的应用探索仍处于零敲碎打的阶段，存在灾害事故信息缺乏权威的统一发布渠道、风险普查成果无法及时转化应用、部分防灾减灾工作要求传导机械摊派、应急物资等资源空间错配的问题。

三、国内外城市经验借鉴

为增强极端灾害事故风险的应对能力，东京、纽约、伦敦和我国台北等城市开展了防灾减灾体系转型探索和实践，依托极端场景研判支撑应急预案细化、完善综合应对策略并制定具体的滚动实施行动计划。这些城市的工作具有以下特点：

（一）开展极端灾害事故风险评估，科学支撑防灾减灾策略优化

科学定量的风险分析和典型灾害事故场景推演能够为防灾减灾工作提供全面评估的基础和精准施策的依据。东京开展了直下型地震、火山爆发、台风等极端灾害场景推演，根据推演过程发现的脆弱性问题和保障需求，指导各级防灾减灾规划编制和实施（见图 8-4）。纽约成立城市气候变化专家组（NPCC），加强海平面上升、严重洪水、极端高温等风险跟踪，指导防灾减灾资源和重要基础设施布局优化。台北市构建了多灾种风险评估模型，开展地震等主要灾害风险预测，定量模拟了极端情景下城市建筑和基础设施可能遭受的破坏影响，为深化地区防灾计划提供了依据。

		场景推演	核心问题
居住区	地震发生时	未经加固的建筑损坏 家具和电器倒塌	建筑物结构安全隐患 建筑内部抗灾设计不足
居住区	震后数小时	受灾市民被困，救援困难 火灾爆发和蔓延，无法顺利扑灭 部分市民无法快速到达避难场所	居民救援行动困难 震后火灾蔓延风险过高 应急疏散组织混乱
居住区	震后三日内	避难场所物资储备不足，供应中断 特殊人群的需求不能及时满足 抢险救援难度大，医院超负荷运转	避难场所设计和运行存在短板 应急物资储备不足 抢险救援行动缺乏支撑
居住区	震后四日起	避难场所物资短缺，秩序失控 受灾评估和认定缓慢，重建补助滞后	长期避难生活物资短缺 恢复重建行动效率低下
商业区	地震发生时	电梯停止运行，大量人群被困 部分建设年限较长的商业建筑损坏	建筑物结构安全隐患
商业区	震后数小时	轨道交通停运，人群在交通枢纽聚集 通信不畅，人群陷入焦虑 部分避难场所开启，人群短时安置	应急通信能力保障不足 大规模人群集中归家导致混乱
商业区	震后三日内	部分受灾市民不熟悉回家路线 便利店物资短缺，无法帮助归家人群	市民归家支持能力不足

图 8-4 东京基于地震风险推演的脆弱性识别框架示意图

［来源：《东京防灾规划 2021》《东京地震风险调查（第 9 次）》］

（二）跳出单一防灾减灾领域限制，完善城市整体安全运行策略

将提升城市安全保障能力作为重大发展战略，探索更加系统、全面的应对策略，逐渐成为各大城市的共识。东京编制了《东京都国土强韧化地区计划》，系统提出了交通、医疗、水利、能源、通信、产业、治安、防灾等城市运行保障领域的韧性强化策略，明确相关任务清单和实施计划。纽约在“桑迪”飓风袭击后强化了城市基

础设施安全保障，在《更强大、更有韧性的纽约（2013）》规划中提出了涉及 9 个基础设施领域的 28 条具体策略，将零散的基础设施改造上升为城市整体战略（见图 8–5）。伦敦在韧性战略中提出加强闲置空间综合利用、推进基础设施零碳更新等综合性策略。新加坡为应对气候变化，制定了海岸带保护、水资源管理、生物多样性、公共卫生和食品安全、基础设施网络安全等一揽子计划。

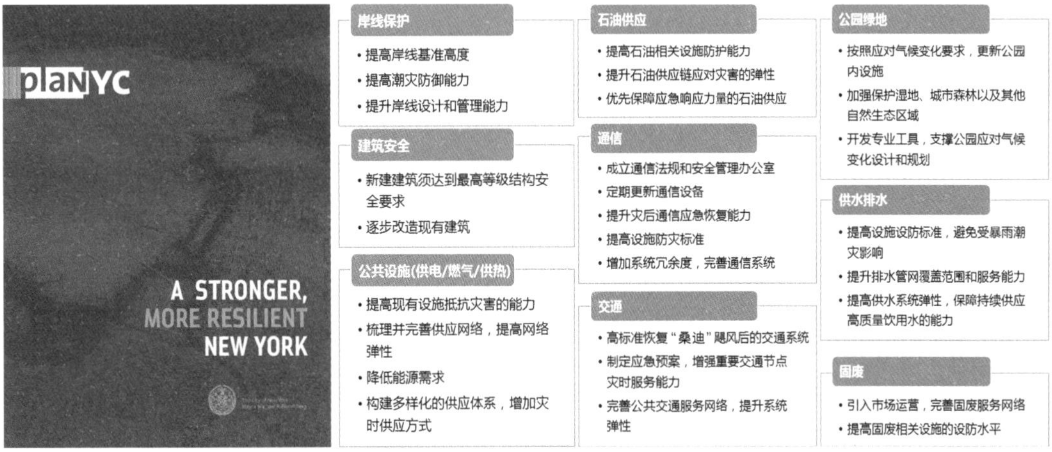

图 8–5　纽约市基础设施安全发展策略框架

［来源：《一个更强大、更坚韧的纽约》（2013）］

（三）重视基层防灾减灾能力建设，提高基层市民自救互助能力

为改善应急响应效率、降低灾害事故损失，各城市都将提高基层组织和市民的安全意识、应急技能作为重点。东京建设了近 7 000 个“防灾邻组”，依托社区、居民协会、企业、商业区、学校等基层组织，加强防灾志愿者队伍建设，完善老年人等弱势群体应急保障措施。我国台北市构建了 160 余个“防灾避难生活圈”，并通过滚动实施的“灾害防救深耕计划”优化社区防灾减灾资源配置，引导开展常态化应急演练，提高基层政府和社区的应急组织能力（见图 8–6）。纽约通过社区应急志愿队计划（Community Emergency Respond Team）培养了超过 1 300 名社会应急志愿队员，并以此为基础开展大范围的市民应急培训计划（Ready New York），引导市民增强风险意识、制定个人和家庭应急准备。

（四）探索先进防灾减灾技术应用，推动智慧防灾减灾不断深化

依托飞速发展的前沿技术，各城市积极探索传统防灾减灾工作创新升级。东京结合政府数字化转型战略，构建 20 项典型智慧化防灾应用场景（见图 8–7），开展了人工智能、物联网、大数据、无人机等技术在防灾减灾领域的全过程应用探索。

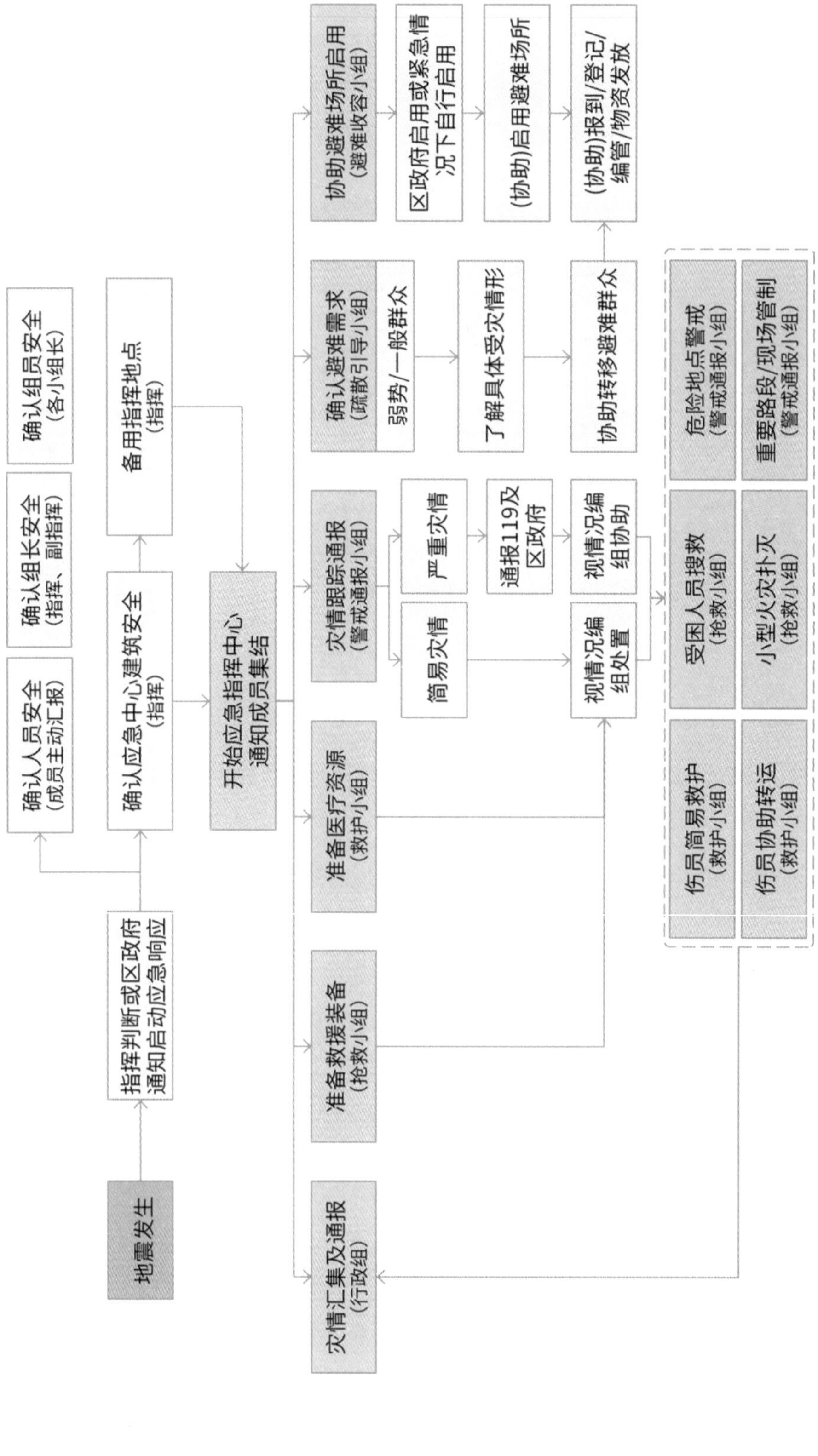

图 8-6 我国台北市基层灾害防救组织震灾标准应对程序

（来源：《台北市松山区中华里韧性社区防灾计划书》）

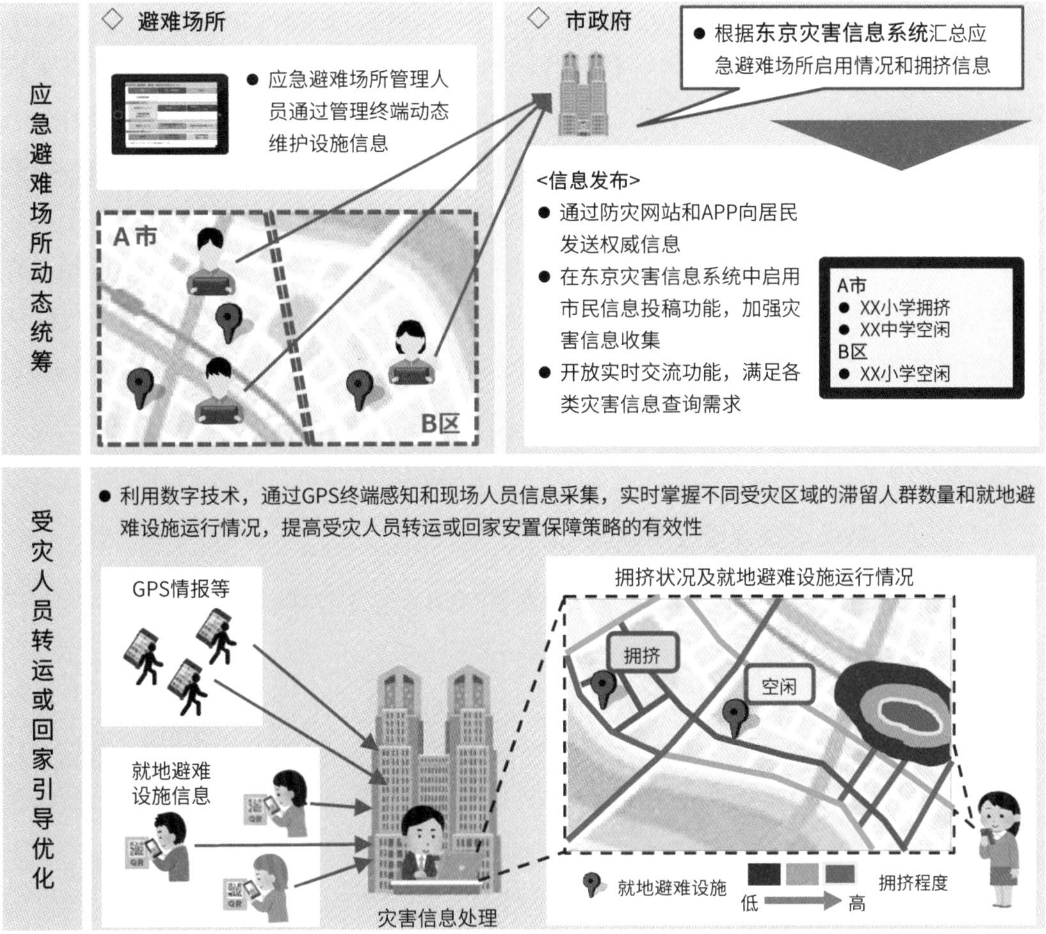

图 8-7　基于东京灾害信息系统（DIS）的灾时人员疏散和避难安置动态优化模式示意图

（来源：《东京防灾规划 2021》）

纽约应急局开发了先进的灾害预警系统和多渠道融合的实时应急信息开放平台，确保市民可便捷获取灾害信息和疏散、救援、安置指引。香港在“智慧城市蓝图 2.0”中提出应用前沿信息和工程技术保障基础设施安全。

四、提高上海防灾减灾能力的建议

（一）构建场景化、预案式的全过程防灾减灾体系

1. 完善极端灾害事故风险长效跟踪评估机制

上海市现已建立自然灾害综合风险会商工作机制，并于 2023 年印发了《上海市自然灾害综合风险会商工作指引》，在市自然灾害防治委员会办公室（设于

市应急局）牵头组织下，由相关市级部门和单位参与，通过年度会商、专项会商、短临会商相结合的方式，加强自然灾害风险的监测评估、跟踪研判并制定防范应对措施。

建议在政府统筹的基础上，扩大防灾减灾决策咨询队伍的专业领域范畴，提升防灾减灾决策支持水平。进一步发挥专业科研力量在风险跟踪评估中的作用，参照纽约市气候变化专家组模式，引入应急管理、人口、工程、地理、建筑、规划、金融等领域的研究团队，建立上海市极端灾害事故风险专家组。拓展灾害事故风险研究的对象范围、时空尺度和精细程度，兼顾“灰犀牛”式中远期极端灾害和“黑天鹅”式短期不确定风险挑战的综合研判，确保城市近期防灾减灾行动与中远期安全发展战略有机衔接。

2. 加强灾害事故场景推演和应急预案编制

确立“场景化”的风险推演在预案编制和应急响应工作中的基础作用，构建“灾害事故场景设定—城市应急运行保障目标—政府部门和市民应急响应行为推演—问题和需求梳理—政府和社会工作方案细化—行动计划制定”的完整工作框架。具体而言，应结合上海历史灾情、长期风险监测，重点开展台风、洪涝、海平面上升、危化品事故、人流密集区踩踏等典型和极端灾害事故场景推演，系统识别城市防灾减灾体系在灾前、灾中、灾后的全过程脆弱性问题，梳理不同区域、不同部门、不同人群的防灾减灾需求，制定具体的安全保障目标、应对策略和行动计划，实现**问题逐级分解、需求分步细化、策略不断聚焦、行动精准落实**。

依托多视角、多领域、全过程的灾害事故场景推演，支撑完善专项和部门应急预案体系。基于场景推演的直观结论，深化应急预案编制工作中的公众参与，尤其是区、街道（镇）级专项和部门应急预案，应直面具体问题、完善应急工作方案细节，提升预案的引导功能和资源统筹指导作用。加强重要基础设施、生命线工程、重大活动相关应急预案的编制和管理，补齐队伍、物资、装备、资金等综合保障类应急预案短板。

衔接全过程防灾减灾需求，强化防灾减灾规划与应急预案体系的衔接。在防灾减灾规划编制和实施过程中，应细化风险要素与国土空间“一张图”的衔接，支撑国土空间规划方案避灾优化、源头减灾。立足场景推演识别的城市应急脆弱性问题和发展需求，系统落实应急资源配置，保障城市应急响应功能顺利实现。同时，还需发挥规划统筹工作对城市安全治理的推动作用，在编制过程中聚焦实施、深入社区，积极介入科普宣传、社会动员、应急演练等工作。

3. 提高灾中灾后综合应急救援能力

在科学应急预案体系和防灾减灾规划引领下，**促进城市应急救援能力从单专业被动响应向全灾种融合提升转变**。进一步发挥综合性消防救援队伍在应急救援中的国家队、主力军作用，按照“全灾种、大应急”职责使命要求，推进综合性实战化抢险救援训练设施、社会化实战训练基地规划落地，在风险较高、救援需求集中的区域加密小型化、模块化、结合式消防救援设施布点，提高就近快速响应、早期处置以及复杂灾害事故救援的能力。将社会化应急救援队伍纳入应急预案体系，引导社会化救援队伍合理布局、提升装备配置水平、细化应急救援协同方案，强化专业救援队伍的实战化训练和物资保障。

（二）完善综合统筹的超大城市防灾减灾资源系统化配置

1. 强化城市防灾减灾资源的系统性

围绕城市核心应急功能，打造“圈层融合”的防灾减灾空间布局，推进防灾减灾资源的系统性整合。从保障城市运行、提高城市韧性的视角，聚焦风险监测预警、应急疏散救援、应急避难安置、应急物资保障、应急医疗救护、综合抢险救援、科普教育培训等主要功能，**构建都市圈、城镇圈、社区生活圈、步行活动圈相衔接的防灾减灾资源配置体系**（见图 8-8）。都市圈层面着眼于巨灾应对，加强跨行政区大规模人员疏散安置、救援力量协同和战略应急物资统筹；城镇圈层面聚焦打造急时能够安全稳定运行的综合防灾减灾组团，兼顾不同专业领域的防灾减灾发展需求，完善骨干设施布局；社区生活圈层面重点考虑基层应急治理、早期救援和中短期物资保障等需求，推动社区防灾减灾功能落地；步行活动圈层面围绕灾害事故发生后市民应急行动特点，细化步行疏散、临时避险、短期生活物资保障等防灾减灾末端空间保障措施。

以系统性的“圈层融合”体系为基础，不断拓展综合防灾减灾设施的应急功能内涵，适应多专业、多场景、碎片化、不断涌现的城市安全保障工作新要求，提升不同空间圈层强化自组织、自维持、自恢复的安全运行保障能力。

2. 激发城市各类资源的应急功能潜力

探索城市应急功能与平时功能的有机融合，以充裕的空间资源基础应对不确定性的安全挑战，进一步激发城市复杂巨系统的自有韧性。针对各类灾害事故场景推演提出的空间资源保障需求，开展教育设施、绿地广场、体育场馆、会展设施、各类社区公共服务设施的应急潜力摸排，推进“综合、复合、融合、结合”的防灾减

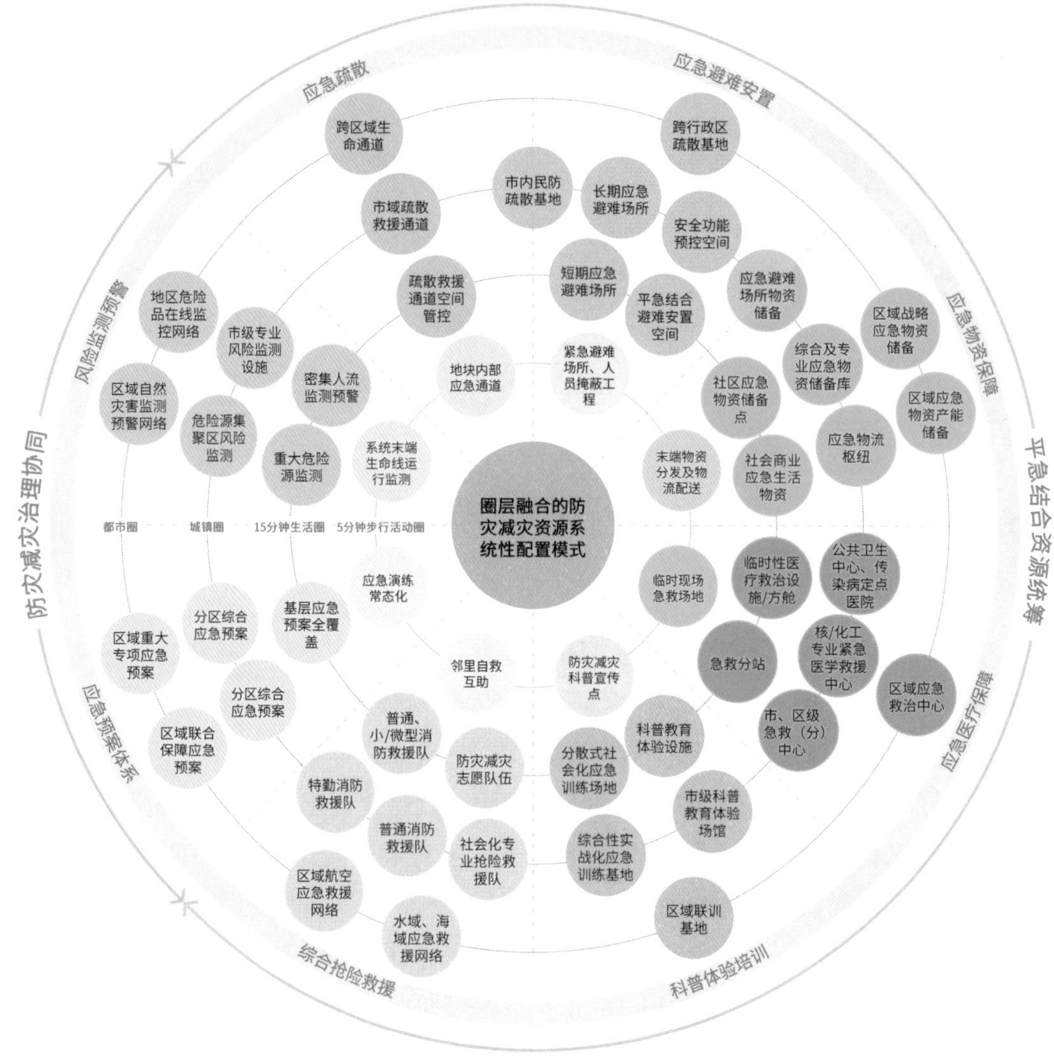

图 8-8　圈层融合的防灾减灾资源系统性配置模式示意图

灾功能布局。衔接应急预案，明确不同场景下的防灾减灾资源启用顺序，完善平急功能快速转化机制，保障各类应急响应行动快速开展。

3. 完善城市安全运行综合保障体系

适应不断变化的安全挑战形式，打造安全托底、多元整合、共建共享的应急物资保障体系。充分考虑城市未来可能遭遇的极端灾害事故场景应对需求，保障油、气、煤等能源物资储备空间，加强水源地保护，提高粮食储备能力，持续强化城市战略物资储备。加快推进专用应急物资和应急生活物资储备体系建设，明确不同区域、不同层级应急物资储备的重点，探索跨区域、跨专业的应急物资储备设施共建共享。

构建从源头到末端的生命线安全运行保障体系，全面提升生命线应急服务功能。基于场景推演，识别现状生命线基础设施网络的薄弱环节，加强城市生命线应急保障。丰富城市资源能源供应网络来源，加强关键枢纽设施和重大管线的安全防御。依托智慧生命线平台加强系统运行监测和事故诊断，提高专业抢修队伍的应急响应能力。

（三）营造全民参与的多元共治防灾减灾氛围

建立并完善"政府引导、社区互助、个人自救"相结合的多元主体防灾减灾协作机制，提高基层防灾减灾意识和应急能力。加大基层应急技能培训方面的投入力度，拓宽防灾减灾宣传教育途径，衔接基层应急预案，引导公安、消防救援、医疗急救、志愿者队伍等专业力量参与社区体验式、实战化培训演练。细化针对高龄、妇幼、残疾人等群体及外籍、宗教人士等人群的差异化防灾减灾措施。

落实全市及区域防灾减灾工作要求，持续改善社区安全空间条件。结合城市更新，优化社区应急疏散和避难安置空间条件，因地制宜灵活推进"嵌入式"防灾减灾功能落地，为支撑社区自救互助行动开展提供条件。

（四）探索防灾减灾领域数字化转型发展路径

抓住数字孪生城市建设和数字化转型契机，构建全业务链条的防灾减灾智慧化应用场景。打通"监测及风险评估—信息发布—应急场景推演—精准高效救援—高质量恢复重建"的防灾减灾全业务智慧化链条，借助先进分析方法和工具，提升应急决策的科学性、准确性。针对政府管理人员、专业研究人员和公众的不同需求，探索城市自然灾害风险普查成果的多维度应用。构建全覆盖的风险监测预警网络，提高风险预警预报准确性、时效性。依托数字孪生城市三维模型开展精细化灾害事故模拟，打造数字化、可视化的应急预案管理和综合调度平台。研发应急测绘和灾害事故现场快速评估方法，提高实时分析和决策支持能力。

创新防灾减灾信息整合和开放应用。整合既有专业防灾减灾领域信息发布渠道，建设统一的城市防灾减灾信息融合平台，集中展示风险评估、实施预警预报、应急资源、救援队伍、应急预案、科普提示等防灾减灾信息。加强面向公众的信息公开和引导，为市民提供权威、实时、开放、互动的防灾减灾参与平台。鼓励和引导保险机构参与城市防灾减灾信息平台建设，推动保险等金融手段在防灾减灾领域发挥更大作用。

在自然灾害、事故灾难、公共卫生事件和社会安全事件日益频发的背景下，构建高效的应急物流体系迫在眉睫。上海作为超大城市，人口、建筑、经济要素、基础设施密集，呈现出灾害风险持续增大、风险类型分布广泛、风险载体高度集聚的突出特征。对标国际先进水平，上海应急物流仍存在体系架构不够清晰、设施配套不够完善、运营管理效率偏低等问题。面向加快建成具有世界影响力的社会主义现代化国际大都市的发展目标，上海应落实全面推进美丽中国建设要求，积极应对气候变化在内的各类风险，进一步提升城市韧性，重点关注应急物流体系架构、设施布局和运输组织，使物流系统在日常运行与应急响应之间实现高效转换。建议：一是关注全流程、全要素理念，建立“人 + 物资 + 设备 + 节点 + 通道 + 信息化”的立体化应急物流要素体系；二是强化应急物流体系的空间保障能力，持续提升物流体系的韧性水平；三是主动提高应急物流体系的信息化建设水平，通过新技术赋能助力管理水平提升。

CHAPTER 9

第九章

系统构建应急物流体系，有力提升应急物资运输保障水平

我国应急管理体系建设始于 2003 年总结抗击非典的经验和教训之后。党的十九大以来，随着应急管理部的成立，我国建立起了由“国安办 + 应急管理部 + 公安部 + 卫健委”组成的、对应四大类突发事件的应急管理机构体系。2018 年，上海市应急管理局挂牌成立，经过多年努力，上海初步构建了“党委领导、政府负责、社会参与、协调联动”的应急管理工作格局。应急物流体系作为应急管理体系的重要组成部分，是指突发事件条件下保障应急物资供应、生产生活运转的物流体系[1]。《“十四五”国家应急体系规划》要求加快建立储备充足、反应迅速、抗冲击能力强的应急物流体系，增强物流设施应急保障能力，健全应急物流运转保障机制，为当前应急物流系统规划建设指明了发展方向。

一、应急物流面临的挑战和发展趋势

（一）上海灾害风险增大，需提高物流系统适应性和冗余度

上海面临的自然灾害、事故灾难、公共卫生事件和社会安全事件等各类灾害风险持续增大，且突发事件可能产生次生、衍生灾害。以自然灾害为例，上海遭遇的自然灾害 90% 以上为气象灾害。近年来，海平面抬高、平均气温升高，致使台风频发、潮位趋高、强对流天气多发、暴雨强度加大，尤其是黄浦江沿线及东海沿线风险源密集，易造成大险大灾。未来 20 年，预计以强降水为代表的自然灾害发生次数和强度都将呈现增加趋势。**自然灾害的日益频发将对货运枢纽和运输网络产生强烈冲击，影响城市物流系统的平稳运行，对物流系统的挑战日益增大。**

与此同时，上海作为超大城市也面临着应对更大灾害风险的压力。一方面，上海人口密集、流动性强，老旧小区众多，高层建筑密布。**在各种灾害情景下，会产生较大的人员疏散避险、转移安置、医疗救治、应急救援和应急物资运输需求。**另一方面，上海存在错综复杂的地下市政管网和体量庞大的地下空间，轨道交通网络总里程也已近 900 千米，工作日日均客流量约 1 150 万乘次，**基础设施长期高负荷使用使得城市运行进入风险易发高发期。**

同时，在城市土地、劳动力要素成本不断提高而产业端面临成本控制要求的压力下，超大城市的物流供给高度依赖专业化，并不断压缩资源投入，使得物流系统基本处于满负荷运转状态。因此，考虑到超大城市存在千万人口物资保障量大面广、

[1] 中华人民共和国发展和改革委员会．“十四五”规划《纲要》名词解释之 70| 应急物流体系［EB/OL］．（2021-12-24）．https://www.ndrc.gov.cn/fggz/fzzlgh/gjfzgh/202112/t20211224_1309324.html.

灾害风险日益增大的特征，**上海物流系统必须尽快解决设施和能力缺乏必要的冗余度的瓶颈问题。**

（二）更加关注全流程管理、推动多部门协作和政企间合作成为发展趋势

应急物流不仅仅需要关注灾后阶段的救援和物资分发，更需要实现全流程的精细化管理。日本自 1997 年起共颁布七版《综合物流施策大纲》，逐步建立起了应急物流管理体系。关注重点从“灾后恢复”向“防灾减灾”转变，并强调建立全流程应急物流体系，包括事前预防、事中响应和事后恢复。在灾害发生前，通过物资储备、仓库建设和运输体系建设，提高抗风险能力；灾害发生时，迅速启动应急对策，开展物资筹措、运输、发放等工作；灾害发生后，抓紧统筹各方力量开展灾后复原工作。**这种全方位管理的视角，有效统筹了事前的风险评估和预防措施、事中的响应及事后的恢复工作，使得应急物流更为系统化，为灾害防范应对的全过程提供有力支持。**

多部门协作和政企合作也是全球应急物流发展的共同趋势。美国采取了“行政首长领导、中央协调、地方负责”的应急管理模式，所有防救灾事务由联邦应急管理署（Federal Emergency Management Agency，FEMA）实行集权化和专业化管理，统一应对和处置。FEMA 常设专门的应急物流管理机构（Logistics Management Directorate），下设 5 个部门，并与多个公共和私营部门签订了商业

专栏一：日本在应急物流领域的政企协作机制 [2]

在东日本大地震救灾期间，应急物资的储备与供应方面出现了一些问题，主要表现为物流设施设备不足、物流专家和专业作业人员缺乏、信息共享机制不完善、末端物资输送“最后一公里”混乱等。尤其是应急物流组织管理的极强专业性超出了政府机构的能力范围，必须借助民间物流行业组织和物流企业的专业能力。自 2011 年开始，日本政府大力推动各都府道县等地方政府机构同与物流相关的地方公共团体组织、企业缔结各类应急物流合作协定，构建灵活、高效的协同机制，提升应急物流体系的运作效率。日本成立了一个由专家学者、地方自治体、公路运输协会、仓库协会、物流企业、国土交通省等相关主体构成的强韧灾害物流系统协会，旨在通过构建官民一体的应急物流协同机制，共同推进建设一个多主体协同的强韧灾害物流系统。

[2] 参考文献：
李南 . 日本应急物流体系建设及对我国的启示 [J]. 中国流通经济，2023，37（6）.
土居邦弘，等 . 東日本大震災におけるトラック調達の遅れによる食料供給への影響 [J]. 農村経済研究，2015（1）.
矢野裕児 . 東日本大震災での緊急救援物資供給の問題点と課題 [J]. 物流問題研究，2011（1）.
小早川悟 . 大規模災害時の救援物資輸送ための道路交通実態分析 [J]. 農自動車交通研究，2015（1）.
宇田川真之，等 . 地方公共団体における支援物資業務の事前対策の実態と改善にむけて [J]. 地域安全学会論文集，2019（11）.

合同和协议，以提供额外支持。日本政府积极推动与物流企业签订合作协议，整合了大量民间物流资源，以有效解决物流设施和专业能力不足的问题，为应急物流提供更多资源和支持。

（三）更加关注信息化建设，加快推动新技术、新方法在应急物流领域的应用

建立应急物流信息平台有利于保障应急物流高效运作。应对各类突发事件的关键是确保应急状态下物资的高效调配和运送。为了应对紧急情况下的物流运输难题，日本搭建了应急物流信息共享平台，开发了专门的物资调拨、输送调整支援系统。该系统于 2020 年投入使用，基本实现了各都府道县、市（区）町村应急物资据点以及避难所之间在应急物资需求、调拨、输送等方面的信息共享，在紧急状况下发挥了重要的保障作用。

同时，新技术、新方法的应用成为了提升应急物流运输效率的重要手段。人工智能、大数据、区块链等技术为应急物流提供了更高效的管理手段，实现了对应急物资的精准调配、运输路径的智能规划等方面的创新。智能机器人、无人机等新型配送方式，也将有效提高应急物资输送的时效性与精准性。《“十四五”国家应急体系规划》明确提出建设应急救援机器人检测、无人机实战验证等研究基地，不断探索和推进创新科技在应急物流中的应用。

二、上海应急物流体系存在的问题

（一）规划落地不到位，部门间协同机制有待完善

规划层面，《上海市综合防灾减灾规划（2022—2035 年）》确立了应急物资综合保障场所形成由 5 座市级综合库、8 座行业专业库、11 座区级综合库和若干个物资保障点组成的“5+8+11+N”的总体空间分布格局，但实际**落地过程中存在实施难度较大、实施率不高等问题**。市区两级主管部门关于应急设施空间实施建设方面的相关机制还不完善，应急物资综合保障场所在落地过程中与仓储、物流、工业用地间的统筹和协调力度也存在不足，规划实施的力度仍需进一步加大。

实际运营层面，一方面，**物资存储上不同类型的应急物资存储存在多头管理现象，缺乏管理统筹，尚未形成合力**。例如，应急局在统筹消防、地震、水务等领域的物资储备方面已取得一定成效，但受部门管理职能等因素影响，在协调公共卫生、治安等方面仍不够顺畅。另一方面，**上海日常物资运输管理涉及多个委办局，在灾害情景下，应急物流容易受到多方制约与限制，增加管理协调难度**。例如，工业园

区货运物流由发改委牵头；商超、城市配送由商委负责；药品运输由药监局主管；交通委负责货物运输环节，包括司机、车辆运输证、企业经营许可等；快递、邮政等由邮管局负责；车辆在路上的行驶则由交警管理。相关部门间的管理统筹和资源保障机制亟待加强，社会物流资源整合能力还需进一步提升。

（二）物流体系韧性与通道保障水平有待提高

上海货运腹地主要为长三角区域，相较于功能完善的空港、海港建设，**市级陆路物流枢纽功能较弱、多方式联动水平较低是当前物流系统的突出问题**。例如，上海市农产品一级批发市场已由 9 个减少至 2 个，并全部由中心城迁出，约 40 个二级市场也减少至 10 个左右，灾害情景下人口最为集聚的中心城的基本物资保障压力将进一步增大。此外，上海铁路站点众多，但与航空、水运间尚未形成紧密衔接，货物运输量也呈逐年下降趋势，无法发挥多式联运的强韧性能力。

另一方面，上海主城区路网格局已较为完善，但**新城、新市镇路网方向均衡性不足**，具体体现在：向心性明显、切向线欠缺；同时，新城地区的路网密度（3.8 千米 / 平方千米）明显低于中心城（5.7 千米 / 平方千米），而且仍有部分断头路未打通，应急状态下极有可能产生网络运输堵点。这都将导致应急物资运送至街镇后无法及时分拨输送至末端，**对应急物流系统的韧性水平会产生较大的直接影响**。

此外，**生命线综合应急保障通道尚未形成，也将直接制约应急物流系统骨干功能的发挥**。相较于水运、空运通道，道路运输通道更容易遭到灾害破坏，然而上海尚未建立包括港口物资、内河通道、无人机救援等多方式、立体化的综合应急保障通道，且目前应急保障通道的连通性和冗余度仍有不足。

（三）政企协作与平急转换机制仍较缺乏

上海应急保障制度目前还未能广泛引入企业等社会力量和资源的参与，也尚未建立政企应急协作框架。具有应急物资生产能力的企业等社会力量和资源难以高效地进行平急转化，对落实物流设施资源平急两用理念带来一定影响。政府统筹机制需进一步健全，因缺少政府端（包括市、区、街道级）的有效引导，常规物流体系在灾害情景下向应急系统转换较难实现，物流企业在应急物流体系中的地位和作用也难以充分体现。因此，**亟需建立政府主导、企业参与的多元主体应急保障机制**，加强政府领导与社会资源力量统筹相结合。

（四）应急响应预案及情景化水平有待提高

上海在防台防汛应急响应预案方面拥有较为成熟的应用实践经验，与之相比，其他灾害场景应急预案不够完善。**灾害场景的分类预案详备程度差异较大是当前应急预案方面的突出问题**。不同等级的灾害场景缺乏相适应的应急预案，针对灾害发生 24 小时、48 小时、72 小时等不同时段，也没有相适应的应急预案设计。**结合上海灾害风险特征，亟需尽快完善灾害场景的分级、分时段应急预案，进一步提高精细化管理水平**。

三、完善上海应急物流体系的策略建议

充分考虑应急物流的系统性特征，上海应**建立完善的“人 + 物资 + 设备 + 节点 + 通道 + 信息化”立体化的应急物流要素体系**（见图 9–1）。在政府主导下，协调物流企业、社会组织、社区志愿者等社会力量，实现应急物流的统筹管理。科学确定应急物资的储备规模和种类，依托仓储物流设施和交通运输网络，建立高效的应急物资调配与运输体系，确保应急物资供给水平。建立应急物流信息系统，促进跨区域、跨部门、跨企业信息共享和连通。积极应用新技术手段，提高应急物流系统的效率和韧性。推动应急物流管理模式转型，形成事前、事中、事后的全流程治理模式。

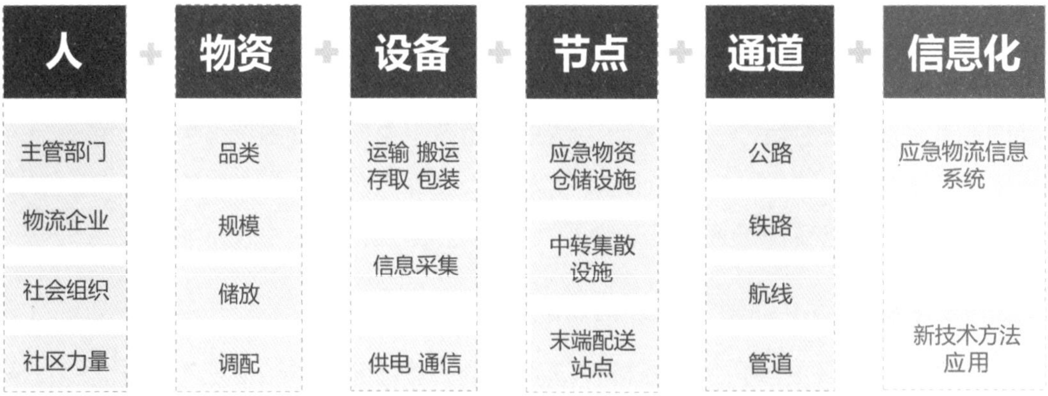

图 9–1　应急物流要素构成示意图

（一）强化应急物流体系建设与机制保障

1. 构建分级分类设施体系

依托已规划布局的市级综合库、行业专业库、区级综合库等应急物资综合保障场所，**建立“应急物流枢纽—应急物流转运中心—应急物流配送站”多级应急物流设施网络**。通过分级分类布局物流设施，提高一体化、集约化物流组织服务能力。其中，应急物流枢纽主要依托市级综合库、行业专业库建设，是区域应急物流体系

的核心基础设施，发挥关键节点、重要平台和骨干枢纽的作用。

2. 形成平急两用转换机制

进一步提升应急物流系统的反应速度和覆盖率，确保应急情况下能够迅速切换和响应需求，应**重点完善应急物流设施的平急两用转换机制**。规划应急物流枢纽和转运中心应注重与物流仓储空间的有机结合和功能的高效复合，“平时”服务城市生产和生活，“急时”可快速地转换为应急物流功能；同时，还要做好平急转换所需的空间保障。

3. 搭建政企合作协议框架

以政府为主导，推动政企协作，将物流企业和社会力量纳入应急物流体系。充分发挥物流企业的专业优势、社会组织和社区志愿者的覆盖面优势，建立物流企业、社会组织、社区志愿者多元参与的应急物流发展模式。将物流企业的仓储资源、专家资源、配送资源合理纳入应急物流系统，将社会组织和社区志愿者有效融入应急物流末端配送系统，解决末端物资配送“最后一公里”的问题。

（二）提升应急物流体系的空间韧性与治理保障

1. 提升整体空间韧性

积极应对气候变化等各类不利影响和风险，落实美丽中国建设要求，增强城市应急物流基础设施配套水平和风险应对能力。结合不同防灾分区的人口密度、岗位密度、公共设施和基础设施布局和使用特征，评估应急物流需求特征，实施分区管理，形成规划指引和差异化的资源配置导向。充分利用大型市政交通场站上盖空间、效率低下的仓储物流和工业用地空间，为应急物流枢纽、应急物流转运中心、应急物流配送站的选址落地提供空间保障。

提升不同地区综合交通网络韧性，加强多方式综合交通设施建设。根据各区域自身人口、设施等实际情况，在既有道路网络规划基础上着重提升灾害场景下的路网韧性。加强城市道路系统的生命线规划，加强交通生命线与土地利用布局结合，避免采用在灾害中易受损的设施作为交通生命线通道。尽快打通断头路，合理优化不同等级道路的空间分布，提升路网抗灾及恢复能力。

提升多种交通方式的可达性，重点加强非地面交通设施布局研究。加强综合交通网络布局的均衡性，充分考虑应急情景下交通设施的多方式、立体化可达性。在一定区域范围内，应灵活配置高架、地下等不同敷设方式的交通设施，形成由空中、地面、地下、水上等紧密结合的综合立体交通网支撑的应急物流运输网络，有效应对不同类型的灾害。

专栏二：深圳市应急物流网络规划借鉴

《深圳市应急疏散救援空间规划（2021—2035 年）》中提出要形成“7+11+N”的应急物流配送设施网络，依托全市三级物流场站，按照平灾结合的原则，考虑服务时效性、用地条件、周边环境等合理预留必要的功能空间。日常情景下，预留的应急物资配送设施主要服务企业常规物流作业；灾害情景下，实现从常规物流场站向应急物资配送设施快速转换。

应急物流枢纽：主要面向区域、城市服务。依托空港、海港、铁路和公路物流枢纽预留 7 处，要求 24 小时可投入应急仓储面积不少于 4 000 平方米。

应急物流转运中心：主要面向辖区、片区服务。规划预留转运中心 11 处，要求 24 小时可投入的应急仓储面积不少于 2 000 平方米。

应急物流配送站：主要面向街道、社区服务。规划结合物流配送站等末端物流配送设施建设同步预留。

2. 完善大都市圈区域应急物流骨架

推进跨区域“城市生命通道”建设，有序提高都市圈跨城市的联防联控水平。依托城市对外交通廊道，沿线布置应急物流枢纽和转运中心，形成内外转换功能；统筹配置战略物资、综合应急物资和专业应急物资储备库，打造应急物流“城市生命通道”。建议按照与毗邻地级市各个方向至少 2 条通道的标准配置应急物流“城市生命通道”。同时，大都市圈区域内各市应统一应急仓储建设标准，在跨省协调区域和城市生命通道周边，科学布局应急物流仓储空间，提高跨区域的仓储共建共享和互助支援能力。未来，结合大都市圈规划，应关注跨区域应急设施系统布局规划，明确应急通道与节点布局的规划目标、策略和总体方案，研究设施共建协同机制；结合跨界协作示范区规划，形成应急物流设施的布局方案，并通过构建行动计划与项目库，有序推进应急共享设施的实施落地。

3. 完善市域救援主通道网络

完善市域疏散救援通道，积极推进应急物资综合保障场所建设，形成分级分类的服务网络。在应急物资保障方面，加快落实《上海市综合防灾减灾规划（2022—2035 年）》，依托应急物资综合保障场所，尽快建成“应急物流枢纽—应急物流转运中心—应急物流配送站”三级应急物流设施网络。在救援通道方面，在“城市生命通道”的基础上，依托市域内高快速路、主干路、干线公路、铁路、航空枢纽以及内河航道形成补充型通道，共同形成市域应急物流救援主通道网络布局。同时，上海拥有丰富的地下空间，应积极推动闲置地下空间作为应急物资储备点。未来，应进一步强化设施落地保障，在《上海市综合防灾减灾规划（2022—2035 年）》指导下，借鉴深圳应急疏散救援空间规划经验，将应急物流设施纳入应急管理系统的空间体系中予以保障，明确各区应急物流设施规划选址方案，积极协调推进落实应急物流设施详细规划。

4. 强化生活圈末梢服务功能

15 分钟社区生活圈作为防灾减灾前沿阵地，应提升“最后一公里”的末梢服务功能。社区生活圈不仅是配置生活服务和公共活动的基本单元，更是应对突发公共安全事件中的“防灾减灾基本单元”。在社区生活圈的日常发展建设中，要不断提高社区韧性水平，优化社区生活圈层面的应急物流物资储备空间，完善次干路、支路等作为应急物流救援通道。以社区生活圈作为基本防灾单元，积极应对可能面临的地震、洪涝、气象灾害及火灾、防疫等各类公共安全风险。结合各年度的“15 分钟社区生活圈”行动方案，加强应急物流设施在生活圈层面的规划配置和建设，完善末梢网络。

（三）提高物流系统信息化水平与新技术赋能

建设跨部门、跨企业的应急物流数据平台。基于已有的各部门、各企业数据平台，制定信息共享标准，实现应急物资的资源共享，支撑管理部门进行全盘资源调度。**不断推动新技术在应急物流领域的落地应用**。以无人机为例，相对而言其不受人员和地形限制，具有快速、精准、全天候的优势，能够保障紧急情景下的通信中继和物资直达。可结合环城绿带、内河通道等区域，设置无人机应急救援模块，在紧急情况下快速输送应急物资。

专栏三：无人机在应急情景下的应用

无人机作为新兴技术，因其灵活、智能、安全等特性，逐渐成为应急救援中的新生力量。从全球来看，许多国家都已将无人机纳入应急救援体系。1996 年，以色列就将无人机用于火情监测，2006 年美国将无人机应用于飓风灾害的搜索救援，2011 年，日本在由地震引发的核泄漏事件中，使用搭载传感器的无人机检查核辐射范围。我国无人机在应急救援中使用较晚，2008 年汶川大地震期间，无人机第一次出现在我国的灾害事故救援现场。2020 年新冠疫情期间，有 99 家无人机企业共 780 架无人机参与了疫情防控任务，在直升机等航空器中占比 85%，所有航空器累计飞行 6 818 架次，运送物资 85 吨[3]。

---

[3] 数据来源：

俞青青 . 我国无人机在应急救援中的应用与发展 [J]. 职业卫生与应急救援，2021，39（3）.

于力 . 国外救援无人机应用需求及发展趋势分析 [J]. 飞航导弹，2018（4）.

民航局 . 关于通用航空参与新冠肺炎疫情防控工作有关数据的分析［EB/OL］.（2020-3-4）. http://ga.caac.gov.cn/gacaac/index!xqindex.do?id=249657.

破纪录暴雨、持续的高温、突发的地震，这些极端灾害其实并不遥远，是每个城市正在面临的现实挑战。尤其作为人口集聚的超大城市，上海在面临传统灾害和新兴风险连锁传导时，具有更高的暴露度和脆弱性。社区作为城市空间组织和风险管理的基本单元，其韧性能力深刻影响着城市整体的安全运行水平。近年来，上海贯彻落实人民城市重要理念，积极探索基层治理现代化新路径，但面对安全风险隐患，社区韧性能力仍有待全面提升。为此建议进一步增强共识，打造更具韧性的社区共同体；充分依托“15 分钟社区生活圈”的建设，系统谋划韧性社区规划建设路径；完善相关技术标准，推动空间韧性升级；强化以居民为核心、多方参与的社区协同治理框架。

CHAPTER 10

第十章

建设韧性社区，
筑牢城市发展的安全基石

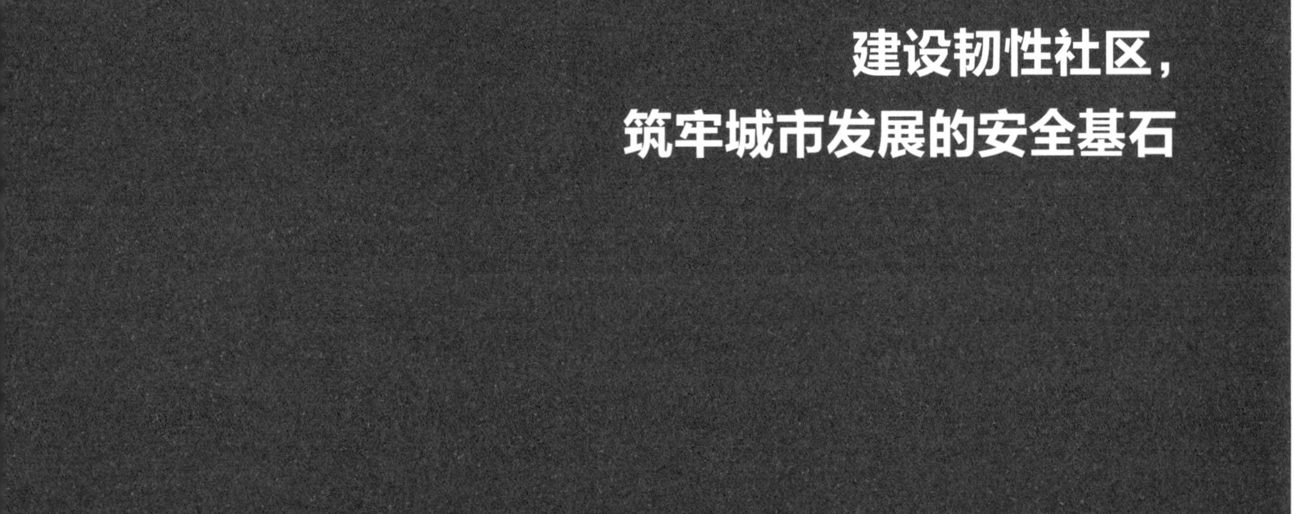

受城镇化进程加快和全球气候变化等因素影响，城市作为人口、建筑和基础设施高度集聚的复杂系统，面临着不断增加的安全风险。上海作为滨江沿海的超大城市，面临超常规、不可预测风险的问题更为突出。党的二十大报告提出“打造宜居、韧性、智慧城市”。2023 年 11 月 28 日至 12 月 2 日，习近平总书记在上海考察时强调，“全面推进韧性安全城市建设，努力走出一条中国特色超大城市治理现代化的新路”。“上海 2035”城市总体规划提出建设“更可持续的韧性生态之城”，要依托社区形成城市网格化安全管理格局。社区作为城市生产生活和系统运行的基础单元，其应对风险的能力直接关系到城市整体的安全韧性水平。为了推动“韧性生态之城”目标的传导落地，应充分依托“15 分钟社区生活圈”的建设，系统谋划韧性社区规划建设路径，完善相关技术标准和保障机制，筑牢城市发展的安全底盘。

一、韧性社区是韧性城市建设的基石

（一）韧性城市离不开韧性社区的建设

“韧性（resilience）”本意是“回复到原始状态”，强调城市在面对外界冲击时，具备抵御与吸收风险、通过再组织快速恢复稳定的能力。面对日益复杂的风险和挑战，**建设韧性城市已成为全球城市的发展共识**。社区是防范风险、抵御灾变、恢复重建以及开展社会动员的重要平台，也是韧性城市建设的基础。联合国以及伦敦、鹿特丹等国际城市均强调了提升社区安全韧性的重要性。2005 年，联合国《2005—2015 年兵库行动纲领》明确阐释了国家和社区共同建立抗灾韧性的必要性。2015 年，联合国《2030 年可持续发展议程》将“让城市和人类住区更具安全性、包容性和韧性”列为主要目标之一。《伦敦城市韧性战略 2020》《鹿特丹韧性战略（2022—2027）》中都要求创建韧性的社区。

韧性城市建设侧重自上而下系统提升重大灾害风险的综合防范能力，但**由于城市风险事件的整体影响难以被完全预测和防范，自下而上的韧性社区建设成为关键**。社区行动能够将复杂的问题分解转化为小规模、低成本、可操作的项目，对政府主导的长期性、资本密集型项目形成补充。另一方面，社区行动能够将权责落实到个体和家庭，通过提升个体韧性能力来增进整体的韧性水平，起到逐步增强从社区到城市面向未来的适应能力的重要作用。

（二）韧性社区是能抵御、适应风险并快速恢复的社区

在紧急情况下，韧性社区能够通过自组织、资源创新性利用等方式，主动适应

各种外部冲击及新环境条件。不仅要在平时做好减灾、预防、管理维护等工作，使社区具有灾害容受力，还要能够对灾害做出快速反应和防御，并在灾后借助社区内外资源，快速复原重建。

韧性社区的要素内涵和治理手段还在不断拓展。一方面，韧性治理对象正在由“传统风险”（如地震、洪涝等自然灾害，火灾等事故灾难）向传统风险与新兴风险（如传染病疫情、外来物种入侵等）交叉叠加的“多元风险”转变，风险的复杂性和关联性使得韧性社区内涵已经扩展到了低碳、生态、健康等多元要素。另一方面，随着全社会对风险认识水平的提高，韧性社区的治理手段也从传统的工程防御建设逐步向空间、经济、社会的多维度综合治理拓展。国际上具有代表性的社区评价指数，除物质空间要素之外，大多将经济、社会、生态等要素也纳入评估对象（见表 10-1）。

表 10-1　部分典型社区韧性评估维度 [1~5]

名称	评估维度
社区灾害韧性指数（CDRI: Community Disaster Resilience Index）	社会资本；经济资本；实物资本；人力资本 ·
社区基线韧性指数（BRIC: Baseline Resilience Indicator for Communities）	住房 / 基础设施；生态系统；机构；经济；社会；社区资本
诺里斯社区韧性模型（Norris Community Resilience Model）	经济发展；社会资本
联合社区韧性评估（CCRAM: Conjoint Community Resilience Assessment Measurement）	领导力；集体效能；准备；场所依赖；社会信任；社会关系

（三）韧性社区建设具有长期参与性、在地化、动态性特点

韧性社区的建设是提升社区风险治理能力的过程，由于风险的复杂性、差异性和多变性，治理过程也表现出参与性、在地化、动态性等特点。

1 Susan L. Cutter, Lindsey Barnes, Melissa Berry, et al. A Place-based Model for Understanding Community Resilience to Natural Disasters[J]. Global Environmental Change, 2008: 18(4).

2 Lila Singh-Peterson L, Paul Salmon P, Natassia Gooden N, et al. Translation and evaluation of the Baseline Resilience Indicators for Communities on the Sunshine Coast, Queensland Australia[J].International Journal of Disaster Risk Reduction,2014: 10.

3 Odeya Cohen, Dima Leykin, Mooli Lahad, et al. The Conjoint Community Resiliency Assessment Measure as a Baseline for Profiling and Predicting Community Resilience for Emergencies[J]. Technological Forecasting and Social Change, 2013: 80(9).

4 Susan L. Cutter, Christopher G. Burton, Christopher T. Emrich. Disaster Resilience Indicators for Benchmarking Baseline Conditions[J]. Journal of Homeland Security & Emergency Management, 2010: 7(1).

5 Fran H. Norris, Susan P. Stevens, Betty Pfefferbaum, et al. Community Resilience as a Metaphor, Theory, Set of Capacities, and Strategy for Disaster Readiness[J]. American Journal of Community Psychology, 2008: 41(1-2).

社区韧性能力的提升需要多方的长期参与。社区的韧性既需要市政、交通等物质基础设施的支撑，也需要建立居民间的信任关系、提升社区凝聚力。传统的社区防灾工作主要由政府部门推动，而韧性社区建设更重视调动包括居民在内的多方主动参与。例如，中国台湾地区通过社区中的认同构建、资源梳理和居民错层交流，促进多方参与，从而凝聚共识；日本在六甲道车站北地区的灾后重建中开创了“官学民”模式，即通过政府、专家和居民三方合作，汇聚多方愿景和资源。

社区韧性目标的实现有赖于在地化的解决方案。社区本身类型多样，面临的风险存在差异。社区建设过程中需要全面掌握社区特点、开展风险评估，因地制宜制定韧性提升策略。如滨海地区的社区韧性策略应优先考虑对洪涝风险区域的基础设施改善和投资；易受高温影响的大城市高密度社区，则应重点关注自然通风、加强绿色基础设施等。

社区韧性水平的提升是一个持续的动态过程。受客观环境、人为活动、时间演进等因素的影响，社区面临的潜在风险具有多变性的特点。因此，韧性社区建设过程中还需要建立包括实施、监测、评估、修订等在内的持续性动态维护机制。例如，新加坡围绕“社区对风险的理解和认知”“社区的社会资本和凝聚力”两个维度构建韧性社区评价指标，定期跟踪社区的韧性水平并作出反馈。

二、“15 分钟社区生活圈”是建设韧性社区的关键载体

2014 年，上海在首届世界城市日论坛上率先提出“15 分钟社区生活圈”的基本概念。“上海 2035”城市总体规划进一步明确“以社区生活圈作为组织城镇与乡村社区生活的基本单元”，应对城市发展中多样性与复杂性同步趋高的挑战。“15 分钟社区生活圈”提出和实施以来，逐步落实了覆盖全市域的行动体系，不断充实韧性技术指引，并搭建起在地化的社区共治平台，发展导向也由基础性的服务覆盖，逐步迈向精准适配与韧性响应（见图 10-1）。因此，以“15 分钟社区生活圈”为空间单元开展时空统筹、多元协同的系统治理，将有效推进上海韧性社区建设。

（一）覆盖全域的行动体系有助于韧性社区建设策略传导

上海自 2016 年起由点及面开展各类社区生活圈更新试点工作，在此基础上，2023 年上海正式构建起覆盖全市范围的行动体系，**初步建立市、区“上下结合、左右贯通”的工作机制**。市、区层面，设立“15 分钟社区生活圈”行动联席会议制度，统筹发展改革、规划资源、民政等多个条线部门，初步形成政策合力；区、街道（镇）层面，推动实行两级议事例会制度，统筹行动实施。同时，强化社区生活圈行动与

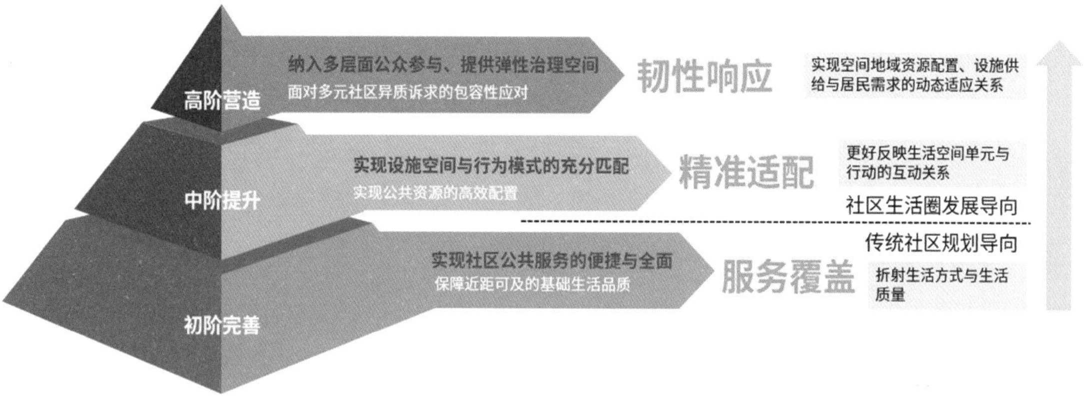

图 10-1 “15 分钟社区生活圈”的发展导向

街镇的对接，确定 1 600 余个覆盖全市域的社区生活圈，推进全市年度行动项目的具体实施。**这一全域行动体系为韧性社区建设提供了重要的策略传导载体。**

（二）相关技术文件逐步充实了韧性社区建设的内容

2016 年，上海率先发布全国首个社区生活圈地方标准《上海市 15 分钟社区生活圈规划导则》，在社区全要素提升、全过程治理的基础上，强调对社区存量用地的韧性更新，提出错时共享、附属资源向公众开放及低效用地重新利用等策略。2021 年，自然资源部出台国家行业标准《社区生活圈规划技术指南》，明确“增强社区韧性，实现服务设施空间的动态适应与弹性预留，提高社区应对各类灾害和突发事件的事先预防、应急响应和灾后修复的能力”，并将“构建社区防灾体系”列入基础保障型服务要素。2022 年以来，上海陆续发布《上海“十四五”全面推进“15 分钟社区生活圈”行动的指导意见》《上海市“15 分钟社区生活圈”行动工作指引》等文件，进一步完善了发热哨点诊室、社区应急避难场所、小型消防救援站等社区韧性安全相关设施配置标准。由此可见，**“15 分钟社区生活圈”各类相关技术文件，从目标内涵到设施标准已在一定程度上补充了社区韧性建设的内容。**

（三）多年在地实践为韧性社区建设初步搭建了多元共治平台

上海“15 分钟社区生活圈”概念提出伊始，就强调培育自下而上的在地力量。2021 年上海联合多个城市共同发出《“15 分钟社区生活圈”行动 · 上海倡议》，进一步明确“共商、共谋、共建、共评、共治、共享”这一体现多元协同与公众参与的工作模式。上海各区在推进社区生活圈的工作中，也在探索适应自身的社区责任规划师制度，并积极联动各社区组织，通过多形式在地宣讲、访谈、社区活动、工作营等陪伴式服务，**强化在地赋能，培育提升社区居民的主动参与意识与协同规划参与能力**。可以看到，上海“15 分钟社区生活圈”的多年实践已为加强韧性社区建设初步搭建了共建共治平台（见图 10-2）。

三、上海韧性社区建设面临的主要问题

“上海 2035”城市总体规划提出建设“韧性生态之城”的目标后，进一步推进了相关专项规划和制度文件制定。但围绕韧性社区建设工作，仍缺乏全市层面的统筹指导，使得韧性理念尚未达成全面共识，韧性社区建设的路径仍不明确，相对应的技术标准缺乏系统性和落地性，社区共建的深度和广度也有待加强。

（一）韧性社区建设尚未达成全面共识

党的二十大报告指出，“我国发展进入战略机遇和风险挑战并存、不确定难预料因素增多的时期，各种‘黑天鹅’‘灰犀牛’事件随时可能发生”。以新安全格局保障新发展格局、全面推进安全韧性城市建设，是上海所面临的重大任务。与此同时，随着治理重心的下移，社区在风险治理中承担着越来越重要的角色，因此迫切需要推进韧性社区建设。但目前全社会对于韧性社区建设的认知还不足：如部分政府文件和工作安排中仍将社区工作、生活圈建设等同于基础性社区服务设施的配置，未能体现韧性建设在基层社区治理中的重要性和急迫性；关于韧性社区建设理念的宣传不足，居民对自身面临的风险及其潜在影响尚缺乏充分认知，对提升个体、家庭及社区应对灾变的能力还不够重视。

（二）韧性社区建设缺少市级层面的统筹指导

风险的复杂性对韧性社区建设工作的系统性、专业化和精细度都提出了更高要求，需要加强整体统筹和指导。北京市于 2021 年发布了《关于加快推进韧性城市建设的指导意见》，制定了全市关于韧性城市建设的组织领导协调工作机制，围绕“空间韧性、工程韧性、管理韧性、社会韧性”明确总体要求，并提出到 2025 年建成 50 个韧性社区、韧性街区或韧性项目。2023 年发布的《北京市韧性城市空间专项规划（2022—2035 年）（草案）》进一步构建了韧性城市空间治理体系。其中，社区级空间治理要求重点建立邻里自治互助的韧性社村生活圈，并明确了具体规划建设要求。相较而言，上海虽然在“十四五”规划提出了“共建安全韧性城市”，强调以社区为重心筑牢超大城市治理的稳固底盘，但全市层面尚无类似统筹各方力量、系统指导韧性城市建设的顶层设计。当前正在开展的低碳社区、绿色社区、安全发

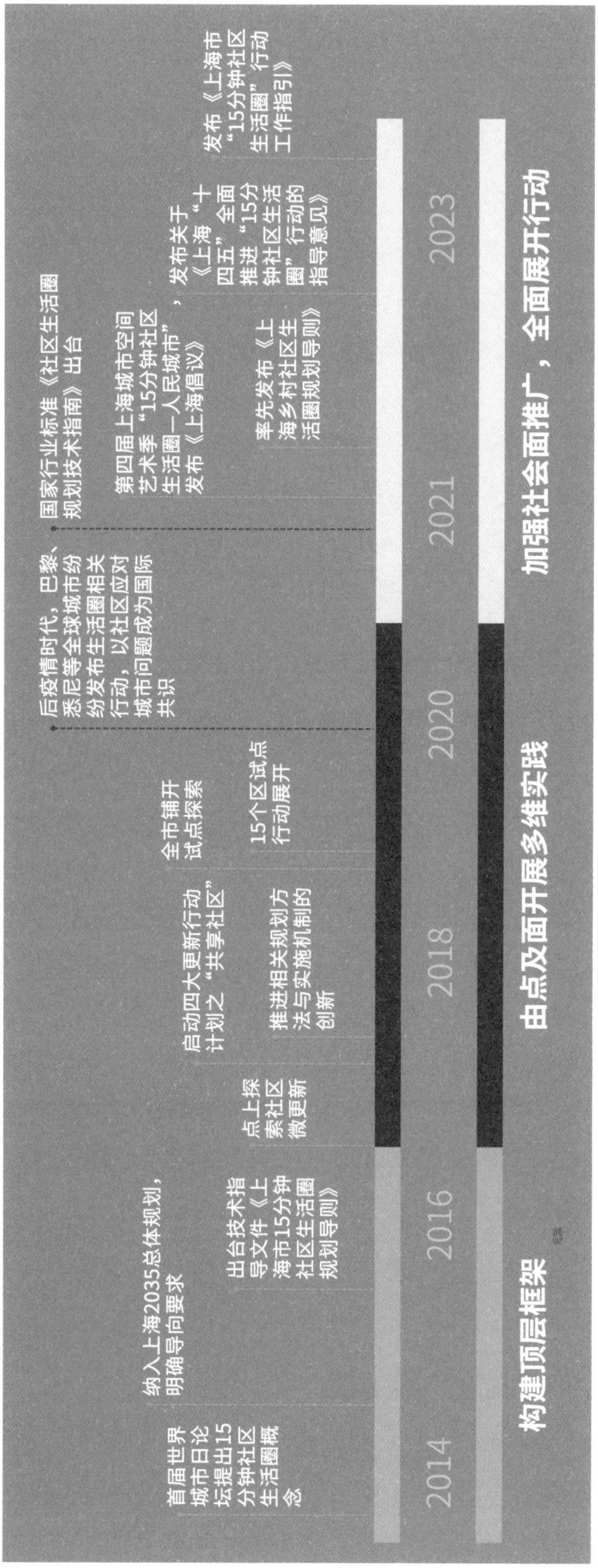

首届世界城市日论坛提出15分钟社区生活圈概念
纳入上海2035总体规划，明确导向要求
出台技术指导文件《上海市15分钟社区生活圈规划导则》
点上探索社区微更新
启动四大更新行动计划之“共享社区”
推进相关规划方法与实施机制的创新
全市铺开试点探索
15个区试点行动展开
后疫情时代，巴黎、悉尼等全球城市纷纷发布生活圈相关行动，以社区应对城市问题成为国际共识
国家行业标准《社区生活圈规划技术指南》出台
第四届上海城市空间艺术季“15分钟社区生活圈—人民城市”发布《上海倡议》
率先发布《上海乡村社区生活圈规划导则》
发布关于《上海“十四五”全面推进“15分钟社区生活圈”行动的指导意见》
发布《上海市“15分钟社区生活圈”行动工作指引》
2014
2016
2018
2020
2021
2023
构建顶层框架
由点及面开展多维实践
加强社会面推广，全面展开行动

图10-2　上海社区生活圈发展历程

展和综合减灾示范社区等工作均已涉及部分韧性建设内容，但具体建设内容的跨部门统筹以及相应的协同机制有待进一步强化和完善。

（三）韧性社区建设相关技术标准仍待完善

随着社区韧性的内涵不断拓展，既有技术标准也需要持续动态优化和更新。然而当前社区建设的相关技术标准未能充分体现并落实安全韧性目标，在系统性、适应性、实施性方面仍待完善。**一是**缺少低碳绿色、健康、生物多样性保护等新型韧性指标，导致分布式能源、小型基站等新型基础设施尚未纳入。**二是**面对日趋极端的灾害烈度和复合型风险，部分设施建设标准需要得到及时评估并进行必要的修改。如近年来频繁出现的极端暴雨造成严重生命财产损失，显示原有防洪防涝标准和防范措施可能存在不适应的情况。**三是**社区建设标准与专项条线衔接不够紧密，影响了部分设施的实施性。如防灾减灾专项规划对基层公共空间提出了综合防灾减灾功能配置指引，但尚未衔接纳入社区相关标准。

（四）社区共建的广度和深度还有待加强

韧性社区建设涉及要素多、相互关联复杂，需要更加协同一致的社会认知和行动力，然而当前社区共建的模式和机制在广度和深度上还存在明显不足，无法有效支撑韧性社区建设。**一是相关主体参与社区建设和治理的覆盖度不足**。社区居民参与社区事务的积极性存在较大差异，部分居民极少参与；社会力量参与机制不顺、动力不足，在协同合作和市场资源配置中的作用未得到充分发挥；社区规划师的工作权限、工作内容缺少规范，影响其参与社区规划的能动性和话语权。**二是社区共建的内容和范围较为有限**。目前的社会参与主要集中在前期调研与公示意见反馈阶段，居民及其他社会主体在决策制定、方案编制、行动实施、后续维护过程都缺少常态化的参与路径与机制。**三是社区共建相关宣传和知识普及有待加强**。韧性社区建设须面对多种灾害和风险隐患，涉及多种基础设施的建设提升以及有力的社会动员，需要对社会公众进行必要的知识普及和一定的技能培训，这方面目前还存在较大的欠缺。

四、加强韧性社区建设的对策建议

建设韧性社区既是落实“韧性生态之城”目标的客观要求，也是回应人民关切、提升人民安全感和幸福感的重要举措。国内韧性社区的实践还处在探索阶段，加强韧性社区建设、率先提升社区韧性治理能力和水平应成为上海这座城市的重要责任和任务。建议全市层面进一步凝聚共识，加强韧性社区建设的顶层设计，依托“15分钟社区生活圈”，系统谋划韧性社区的建设路径、技术方法和保障机制，推动社区韧性能力的全面提升，筑牢城市安全发展的基石。

（一）加强整体统筹，凝聚韧性社区建设共识

韧性社区建设是一项长期性、多系统、综合性的工作，需要通过全市层面的顶层设计，传递目标理念，建立社会共识，并加强整体统筹，明确韧性社区建设要求。

一是从顶层设计层面明确韧性社区建设的工作要求和制度安排。建议尽快制定全市层面韧性安全城市建设的政策制度设计，明确韧性社区建设的总体导向和工作要求。做好组织领导的制度安排，强化市、区、街镇、社区的多级联动推进。加强市区发展改革、规划资源、民政、应急管理等多部门的横向协同，实现低碳绿色、健康安全等多目标下的资源整合，条块协同形成合力。

二是加强韧性社区建设的理念宣传以强化共识。结合专项政策和规划，开展韧性社区建设的宣传，引导公众增强安全意识，做到居安思危、未雨绸缪。将韧性理念全面融入社区规划、建设和治理的全过程，提升社区组织力和动员力，加快**建设紧急情况下能够守望相助、具有韧性的社区共同体**。

（二）结合“15 分钟社区生活圈”系统推进韧性社区建设

充分依托“15 分钟社区生活圈”的工作基础，系统谋划韧性社区的规划、建设和治理工作，通过在地行动实践持续优化韧性社区的建设路径。

一是结合“15 分钟社区生活圈”行动，落实韧性能力建设的相关要求。将社区韧性提升要点贯穿于前期评估、规划编制、实施监测的全流程（见图 10-3）。包括：科学识别社区关键风险；多方协商、共同制定韧性社区的建设目标和路径；综合考虑需求紧迫度、实施难易度等因素，明确优先事项，制定行动计划。

二是结合韧性社区建设的在地性、动态性等特征，加强技术引导和方法支撑。加强社区风险地图绘制、社区韧性指标体系制定等典型评估方法的指导，为不同类型社区的韧性能力提升提供技术支撑。例如，围绕社区指标体系的构建，对社区社会、经济、自然环境、基础设施、制度建设等方面的韧性水平进行评价，或者对行动前后的成效进行评价，作为后续资源配置的依据。

（三）推动韧性社区建设相关技术标准升级

围绕韧性社区建设加快完善相关技术标准，统筹低碳绿色、健康、生物多样性保护等多维度目标，强化社区应对新型风险的适应能力，并为不同社区提供具有针对性

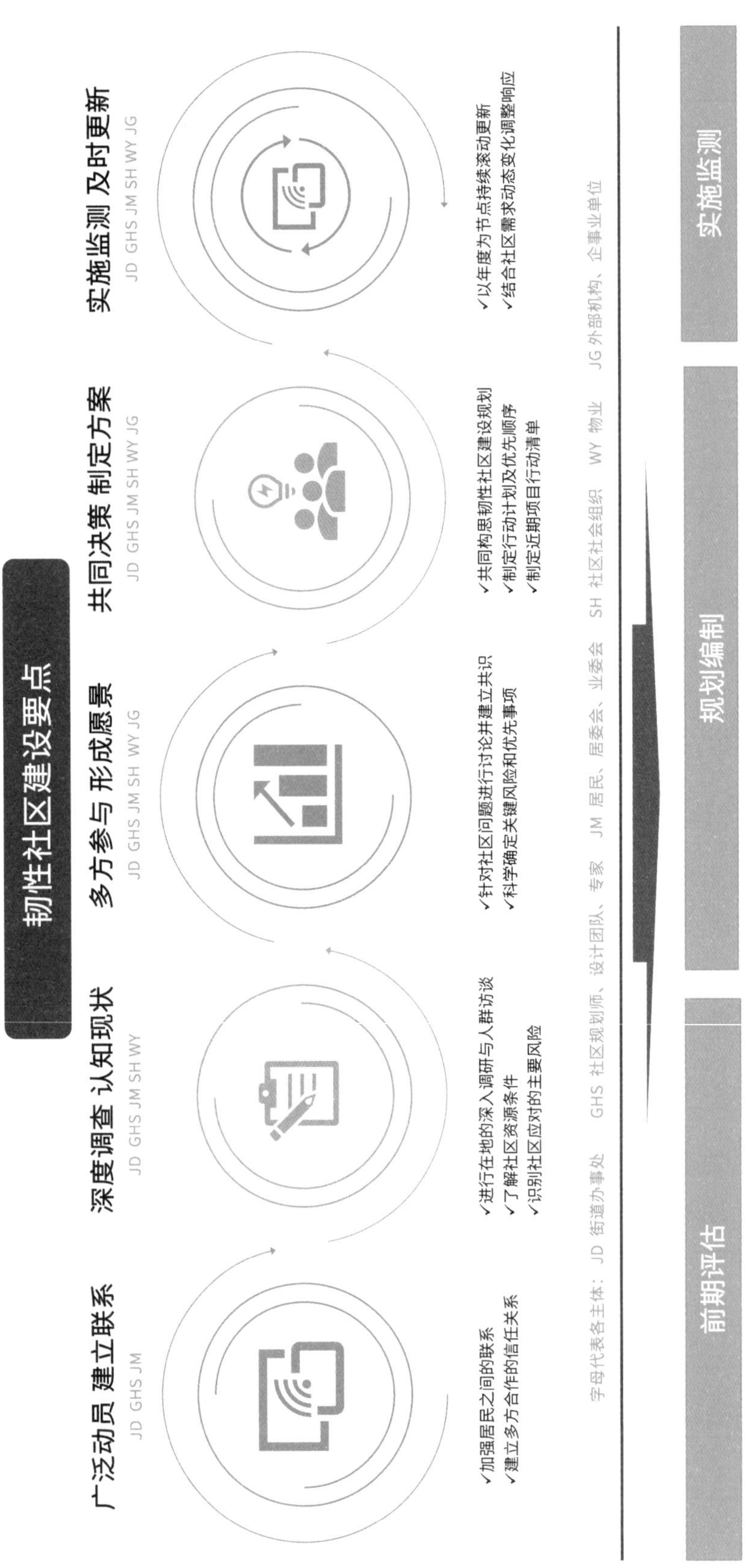
韧性社区建设要点
广泛动员 建立联系
JD GHS JM
✓加强居民之间的联系
✓建立多方合作的信任关系
深度调查 认知现状
JD GHS JM SH WY
✓进行在地的深入调研与人群访谈
✓了解社区资源条件
✓识别社区应对的主要风险
多方参与 形成愿景
JD GHS JM SH WY JG
✓针对社区问题进行讨论并建立共识
✓科学确定关键风险和优先事项
共同决策 制定方案
JD GHS JM SH WY JG
✓共同构思韧性社区建设规划
✓制定行动计划及优先顺序
✓制定近期项目行动清单
实施监测 及时更新
JD GHS JM SH WY JG
✓以年度为节点持续滚动更新
✓结合社区需求动态变化调整响应
字母代表各主体：JD 街道办事处　GHS 社区规划师、设计团队、专家　JM 居民、居委会、业委会　SH 社区社会组织　WY 物业　JG 外部机构、企事业单位
前期评估
规划编制
实施监测

图 10-3　韧性社区建设要点示意图

的细化措施。

一是响应多维目标，增强技术标准的系统性。鼓励营造具有交往功能的公共空间，通过积极营造议事厅、社区会客厅等更具共享特征的公共空间，增进不同群体的交往，提升互助水平。加强空间设施对脆弱人群的包容性，重点关注老人、儿童、行动不便者等人群的需求，强化安全保障。提升环境的复原力，鼓励布局蓝绿色基础设施，增强社区气候韧性。共建共享社区农园，增强食物供应的韧性。丰富社区植物群落配置，保护生物多样性，提升社区生态系统的稳定性和复原力。

二是应对新型风险，增强技术标准的适应性。**一方面是**增强空间设施的弹性转化能力。支持空间功能根据社区不同发展阶段的需求进行调整，如老幼设施、文体设施之间转换；实现空间平急转换，如将体育场、公园绿地转换为应急隔离场或临时收容场所。**另一方面是**保障基础设施必要的冗余性。针对各类风险的频率和强度，合理确定关键基础设施的规模和布局，设置应急能源、应急物资配送通道，保障社区在突发事件中能够维持基本功能。

三是针对社区差异，增强建设标准的针对性。加强既有标准与专项条线的衔接，优化设施的布局原则和设置标准。加强标准的精细化指引，目前技术标准重点关注了城镇居住社区和乡村社区韧性设施的配置需求，下一步应针对产业社区、商业社区等不同类型社区补充完善相关标准。

（四）优化韧性社区多方协同治理的行动框架

更加突出政府统筹、居民为主、专业护航、社会助力，将基层政府、社区居民、专家、社会组织等相关各方愿景和能力整合到一个多主体参与的框架中，建立共识、促进合作。

政府作为总体统筹部门，提供顶层制度支撑并安排相应的财政资金。突出**居民**在韧性社区建设中的主体作用，加强知识教育和能力培养，推动居民全面且深度地参与到韧性社区前期调研、风险识别、方案编制、行动实施、监测反馈的全过程；培育和激发社区居民的主体权能意识，实现韧性成果的自我维护。**专家团队**从专业领域开展指导和帮助，消除居民对韧性社区建设过程中的误解和疑虑，同步履行一定程度的监督职责。**社会组织**充分发挥参与社区治理的功能和价值，通过在地的专业助力和深耕陪伴，在内外资源联动中发挥桥梁作用，服务社区并成为社区共同体的重要组成。

数字技术发展已进入虚实融合时代，将加速改变人类生活方式，进而引发人们对于各类实体空间需求的变化，并可能带来城市空间要素布局逻辑的重大变革。通过全球城市观察发现，数字技术的快速进步正在改变人们在城市中的工作、居住、休闲、出行等日常生活方式，城市圈层式功能布局模式在逐步弱化，不断催生出均质化的居职混合空间，上海也已出现相似趋势。当前，上海正在加快建设国际数字之都，除了全面开展经济、生活、治理等数字应用场景布局，还需要对数字化生活方式及其带来的空间影响加以研判，加快建设“以人为中心”的城市中心区，打造面向未来的复合型社区生活圈，加快发展数字孪生城市新形态，建设真正为人服务的数字城市。

CHAPTER 11

第十一章

加快城市空间的适应性转变，建设为人服务的数字城市

随着以大数据、人工智能、数字治理为标志的第四次工业革命的到来，智能化、数字化成为现代城市的重要标志之一。2021 年，《关于全面推进上海城市数字化转型的意见》正式发布，明确了上海到 2035 年成为具有世界影响力的国际数字之都的发展目标，将推动城市整体迈入数字时代，全面构筑未来城市新形态。除了加快建设数字底座和数字基础设施，推动经济、生活、治理三大领域“转型”突破以外，还应关注数字技术驱动下城市生活方式的变化及其对空间的影响，为数字时代城市空间组织模式的转型做好准备。

一、数字技术驱动下的城市空间新特征

数字技术的不断迭代持续减弱时空限制，提升了城市生产、生活组织的灵活性和自主性，使城市中人与人、人与物、物与物、虚与实之间复杂交织。很有可能与历次工业革命一样，引领人类城市生活的新一轮变革，并对城市空间组织模式带来重大影响，大幅提升城市运行效率和可持续发展能力。

（一）数字技术对城市空间的总体影响

大数据、云计算、物联网、人工智能等新一代信息技术蓬勃发展，促进城市实体联系、功能活动、管理平台等向虚拟环境转移，**使实体空间虚拟化**，产生时空压缩作用，大幅提升实体空间使用效率。与此同时，虚拟现实技术（VR）促进虚拟空间的实体转接，为实体空间叠加虚拟化场景，虚拟网络 IP 衍生转化并实体化运营，**使虚拟空间实体化**，增强实体空间体验维度。

在 5G 技术的支持下，**数字技术的发展已进入虚实融合时代**，增强现实技术（AR）、混合现实技术（MR）可以混合实体和虚拟环境，使人同时与虚拟环境和实体环境产生实时交互[1]，进一步加深在线功能应用并弱化实体空间的物理连结要求，从而可能从根本上改变城市空间组织的逻辑。

实体空间利用方式可能会被彻底改变。数字技术减少了实体空间在使用功能方面受到的区位和形态限制，从根本上颠覆“形式追随功能”原则，使空间功能混合更具条件，促进了信息流、交通流、活动流等相互组合，最终使人们的生产、生活、交通空间相互交织，各类活动的发生在实体空间上也不可分割。

关键要素布局模式可能将趋于扁平。各类城市活动不再需要集中布局，交通联系需求不断降低，为响应混合型生活方式需求，并通过功能复合不断提升实体空间

[1] 戴智妹，华晨，童磊，等．未来城市空间的虚实关系：基于技术的演进 [J]. 城市规划，2023（2）.

使用效率，城市功能分区边界逐渐模糊，空间组织模式将趋向于扁平化、去中心化。

城市空间治理逻辑将向数字智能模式演进。城市系统呈现“高频”变化特征，物理空间的信息基础设施不断完善，并以场景为基础串联虚拟空间，社会关系网络和精神世界也受到数字技术的影响不断演变，城市空间的治理逻辑不断向以“实时响应”和“效能优先”为特征的数字智能模式演进。

（二）数字时代的城市生活方式变革

“数字化、网络化、信息化使人的生产方式发生了巨大的变化，并由此带来一种全新的生存方式”[2]，当前数字技术的快速进步正在真实地改变人们在城市中的工作、居住、休闲、出行等基本活动方式，疫情成为这一转变的“催化剂”。人们的日常生活不再被时间和地点“定义”，愈发虚实融合化（Hybridization）[3]，线上与线下活动交织混合，人们既获得了极大的便利与自由，又承受着虚拟世界的信息裹挟，努力在数字时代寻找生活的真谛。

数字化办公的普及使“随时随地办公”成为日常。后疫情时期，灵活办公模式已成为不可逆趋势。人们在居住地、共享办公室、咖啡馆等非传统办公空间完成办公，甚至在不同国家和地区之间自由流动，成为办公地点不固定的“数字游民”（Digital Nomad）。近两年，巴黎、东京、新加坡、旧金山等城市的远程办公率（就业人员占比）为 40%～50% 且趋于稳定，灵活办公者普遍每周 2～3 天远程办公[4]。权威调研显示，全球 53% 的企业将在 2025 年前永久性开放远程办公选项[5]，人们普遍希望一周内可以有 1～2 天远程办公[6]。

数字化购物的普及使日常消费与体验、社交目的相互交织。全球范围内线上购物模式不断发展，2023 年全球电子商务销售额占比达到 20.3%，并预计将继续增长[7]；全球 58% 的消费支出在网上进行，并预计在未来十年内达到 64%[8]。同时，跨商店实体、移动设备、在线平台的全渠道购物需求显著上升。数字化驱动的新消费模式使线下购物行为不再以商品购买作为单一目的，人们从追求“购物体验”向“体验购物”转变，依托购物场景实现休闲娱乐与社群链接。

---

[2] 尼古拉斯·尼葛洛庞帝. 数字化生存 [M]. 海口：海南出版社，1996.

[3] Chunjiang Li, Eva Thunlin, Yanwei Chai. Understanding the Hybridization of Everyday Activities from a Time-Geographic Perspective[J/OL]. Annals of the American Association of Geographers, 2023(12).

[4] www.institutparisregion.fr; www.nippon.com; www.statista.com; therealdeal.com.

[5] 仲量联行 · 2022 年未来办公调研报告 [R].2022.

[6] Cevat Giray Aksoy, Jose Maria Barrero, Nicholas Bloom, et al. Working from Home around the World [EB/OL].（2023-10-16）.

[7] 数据来源：investingstrategy.co.uk.

[8] 数据来源：Wunderman Thompson. The Future Shopper Report 2023[R].2023.

新工作与消费方式弱化通勤在交通出行中的主导地位，使人们更加重视本地社区生活。受灵活办公模式等因素影响，多个全球城市的工作日公共交通仅恢复到疫情前的 75% ~ 85%[9]，美国和欧洲许多城市核心区人口向外迁移，日常短距离出行明显增多，说明工作日时段人们一定程度上摆脱日常通勤的束缚，住房区位选择也趋于自由，活动空间可以更好地围绕“家”展开。因此，“数字游民”用脚投票，在社区中寻找文化“归属感”，对居住区和“附近”的多样化生产生活服务提出更高要求，社区需要同时满足其办公、休闲、娱乐和社交等日常生活需求。

（三）数字生活方式正在改变城市空间

在纽约、伦敦、旧金山、东京、新加坡等城市中，人们使用传统办公、商业、居住空间的方式正在随着数字化生活方式改变，城市空间组织模式和治理模式正在逐渐适应数字时代的基本逻辑。

集中式商务办公需求下降，小型化、分散化新型办公场所涌现。在经济高度发达的全球城市，传统就业中心和商务区面临活力丧失风险，办公出勤率显著低于疫情前水平且已趋于稳定，办公空置率攀升至历史最高区间，租金下降显著[10]。许多城市正加快缩减中心区位的大量办公楼面积，并积极向副中心、郊区等外围地区疏解，鼓励市中心办公空间的功能转型和多公司共享使用。与此同时，积极建设新型办公场所，加强联合办公、共享办公、数字制造车间、3D 打印工作室等“第三场所”的全域化供给，打造郊区卫星办公室，将远程办公设施作为保障性住房建设要求和图书馆的升级要求。以“共享工位”“工作舱”为代表的兼有办公功能的商业空间明显增多，共享办公酒店（Co-working Hotels）也应运而生。

传统商业中心需求下降，本地化、体验式新兴消费场景增多。2022 年，纽约、伦敦、巴黎、东京、旧金山等城市商业设施附近客流量较疫情前下降 10% ~ 20%，核心区位的商店受到冲击更大[11]，以购物中心为代表的大型商业空间也正在经历前所未有的“关店潮”。为满足更小众化、体验式、社交性的新消费需求，商业与本地社群文化、空间体验与社交活动相结合的“街区商业”和“社区商业”模式成为流行，虚拟场景与数字 IP 为实体商业和休闲空间赋能，全球 VR 线下体验馆数量也不断增加[12]。

---

[9] 数据来源：www.metro.tokyo.lg.jp; www.institutparisregion.fr; www.bloomberg.co.jp; www.londonpropertyalliance.

[10] 数据来源：www.cbre.com; www.knightfrank.com; www.apimagazine.com.au; japanpropertycentral.com.

[11] 数据来源：McKinsey Global Institute. Empty Spaces and Hybrid Places: The Pandemic's Lasting Impact on Real Estate [R]. 2023.

[12] Greenlight Insights. Global Virtual Reality Industry Report 2021[R]. 2021.

城市圈层式功能布局模式弱化，催生更加均质化的居职混合空间。伦敦、纽约、巴黎、新加坡等城市正在加快以商务商业功能为主的市中心冗余空间转型，推进老旧或空置的办公和商业空间适应性再利用（Adaptive Reuse），将其灵活转换为居住、酒店住宿、公共服务等生活性功能，重新吸引市民的回归。同时，为重新构建灵活办公模式下以“家”为核心的“附近”的生活，加快打造居住、工作、娱乐一体化的城乡社区和垂直社区，向更扁平化、去中心化的“15 分钟城市”迈进。

二、数字化进程下的上海城市空间变化观察

当前，数字化的逻辑也已渗透进上海城市生活的方方面面，带来灵活办公、智慧社区等趋势的扩张，以及新型办公场所和体验式消费场景不断增多等变化。上海需及时关注数字时代市民工作、生活、休闲等需求变化，及时把握数字技术发展对城市空间的多维度影响。

（一）灵活办公趋势初显，新型办公场所增多

灵活办公人员不断增加，未来规模总量可能较大。2019 年以后，国内互联网提供的工作机会占比达到 30% 以上[13]，远程办公职位数量明显攀升，疫情后尤其明显[14]。2022 年秋季，上海的员工平均每周到岗 3.7 天，灵活办公趋势初步显现，而一些国际城市每周到岗时间更少，其中伦敦 3.1 天、巴黎 3.4 天、东京 3.4 天[15]（见图 11-1）。从不同行业的居家办公渗透率来看，金融、科技服务、信息技术等知识密集型产业对办公设备和生产设施要求较少，工作场所灵活性较大，远程办公可操作性较高。根据上海当前的从业人员结构，估算上海未来全市灵活办公从业人员规模还将持续增长（见表 11-1），尤其是中心城、张江、漕河泾等知识密集型产业集聚的区域，灵活办公人员占比可能更大，存在日常人流减少和活力减弱风险。

传统办公空间空置率增高，多样化办公场所涌现。疫情显著提升了远程办公在上海就业市场的接受度，后疫情时期许多企业也鼓励灵活办公模式，并主动选择减持办公物业资产，以应对经济不确定性。在市场供应持续增加的叠加影响下，当前

[13] 数据来源：北京大学，智联招聘 . 2022 年雇佣关系趋势报告 [R]. 2022.

[14] 数据来源：智联招聘，北京大学国家发展研究院 . 疫情冲击下的远程居家办公：现实与展望 [R]. 2022.

[15] 数据来源：McKinsey Global Institute. Empty Spaces and Hybrid Places: The Pandemic’s Lasting Impact on Real Estate [R]. 2023.

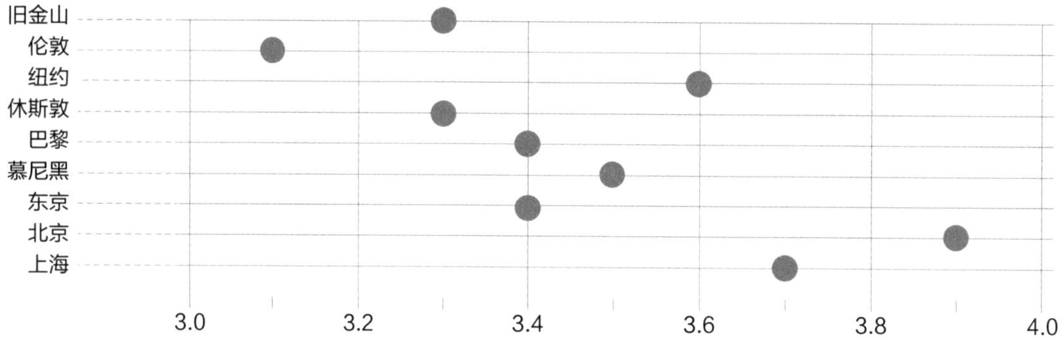

图 11-1　2022 年 10、11 月调查显示的各城市员工每周在办公室工作天数[16]（单位：天）

（资料来源：McKinsey Global Institute）

表 11-1　基于经济普查分类的主要行业远程办公渗透率

行业门类	远程办公渗透率（%）
金融业	76～86
水利、环境和公共设施管理业	68～78
科学研究和技术服务业	62～75
信息传输、软件和信息技术服务业	58～69
教育	33～69
房地产业	32～44
租赁和商务服务业	32～44
公共管理、社会保障和社会组织	31～42
批发和零售业	29～40
居民服务、修理和其他服务业	31～37
文化、体育和娱乐业	19～32
卫生和社会工作	20～29
工业	19～23
交通运输、仓储和邮政业	18～22
建筑业	15～20
住宿和餐饮业	8～9

（数据来源：Wenzhu Li 等[17]）

[16] 麦肯锡全球研究院在 2022 年 10 月和 11 月开了展一项大型国际办公行为调查，具体调查了近 1.3 万名全职办公室员工，他们均年满 18 岁，来自以下 6 个国家 / 地区：中国（约 2 600 人）、法国（1 400 人）、德国（1 900 人）、日本（1 700 人）、英国（2 300 人）和美国（3 200 人）。由于四舍五入，百分比总和可能不等于 100%。受访者被问到的问题是："您目前平均每周有多少天在办公室工作？"该结果不包括自称"目前未就业且不在办公室工作"的受访者，也不包括自称"目前没有全职工作"的受访者。

[17] Wenzhu Li, Ningrui Liu, Ying Long. Assessing Carbon Reduction Benefits of Teleworking: A Case Study of Beijing[J/OL]. Science of the Total Environment, 2023(5).

上海的办公空间空置率总体较高，2022 年达 17.2%，预计 2023 全年超过 20%[18]。为了激活市场，减少空置成本，上海的办公租金近年来也持续呈下降态势[19]。至 2030 年，上海的办公空间需求预计将较 2019 年降低 14%，办公空间供应过剩达 20%[20]。与此同时，新型办公场所不断涌现。上海是国内联合办公空间最为活跃的城市之一，以众创空间、自习室、咖啡馆为代表的新型办公场所分布广泛（见图 11–2），

图 11–2 2022 年上海联合办公室、众创空间、自习室、图书馆、有办公条件的连锁咖啡馆分布

（数据来源：上海科学技术委员会、高德地图）

---

[18] 数据来源：高力国际 . 上海 2023 年第二季度办公楼市场 [R]. 2023.

[19] 数据来源：城市测量师行 . 上海办公租赁市场季度报告 [R]. 2023.

[20] 数 据 来 源：McKinsey Global Institute. Empty Spaces and Hybrid Places: The Pandemic's Lasting Impact on Real Estate [R]. 2023.

共享工位、共享会议室、单人办公区、小型可移动办公空间落户上海诸多大型商场和商业区，更好满足顾客随时随地办公需求。

（二）线上线下购物模式分化，体验性消费场景增多

线上购物迅速增长，传统商业中心面临挑战。上海网络零售迅速发展，2018—2022 年网上商店零售额由 1 506.7 亿元增长至 3 461.4 亿元，占社会消费品零售总额的比重由 11.9% 增加到 21.1%（见图 11-3），比重居全国首位。市民日常食品采购渠道也由超市转向团购、外卖等线上平台（见图 11-4）。线上购物的普及给传统实体商业空间带来巨大挑战。2023 年上海优质零售物业空置率达 11.4%[21]，处于历史高位，市、区级商圈人流量下滑明显[22]，大型商场、超市闭店频发，传统购物中心面临转型，新增购物中心建筑面积不断减少[23]。

线下消费融合多元业态，数字技术带动新消费体验。一方面，消费业态升级，商业企业锚定多元垂直细分领域，打造社交消费新场景。如南京路步行街深度挖掘城市文化元素，通过艺术策展、艺术快闪等多元形式赋能城市商业场景；苏河湾提出“城市峡谷”概念，将历史人文、绿色生态与零售体验相融合。另一方面，大型商场借助新技术发展，满足人们高实时性、高互动性和高沉浸感的虚拟空间需求。如静安区“国际消费中心城市数字化示范区”揭牌，打造“总部 + 平台”“仓店一体化”模式；南京路步行街、淮海路等代表性商圈推出数字发券、虚拟人走秀、无感积分等数字化手段。

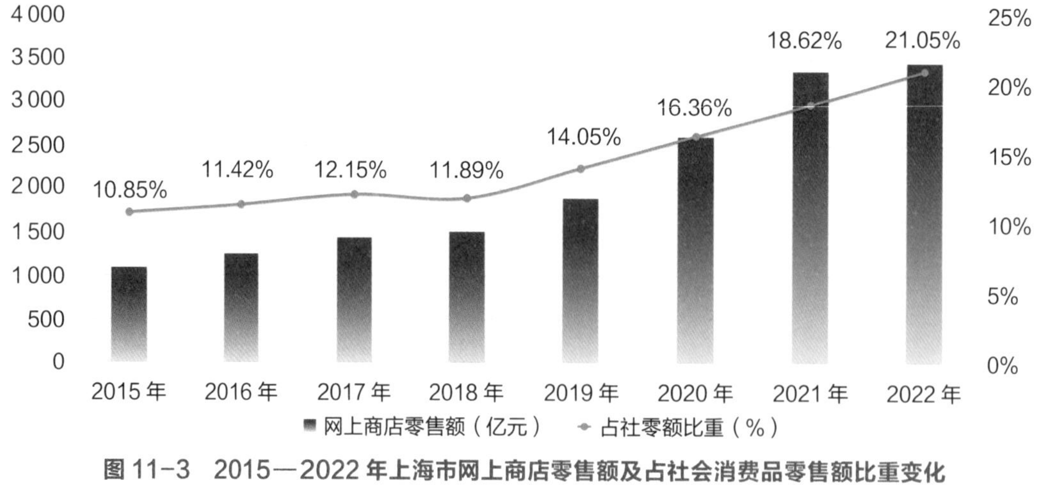

图 11-3　2015—2022 年上海市网上商店零售额及占社会消费品零售额比重变化

（数据来源：2015—2022 年《上海市国民经济和社会发展统计公报》）

[21] 数据来源：仲量联行研究部 . 中国零售地产市场报告（2023 年上半年）[R]. 2023.

[22] Mob 研究院 . 2023 年 H1 中国商业地产发展趋势及上海商圈客流报告 [R]. 2023.

[23] 数据来源：上海购物中心协会 . 上海购物中心 2022—2023 年度发展报告 [R]. 2023.

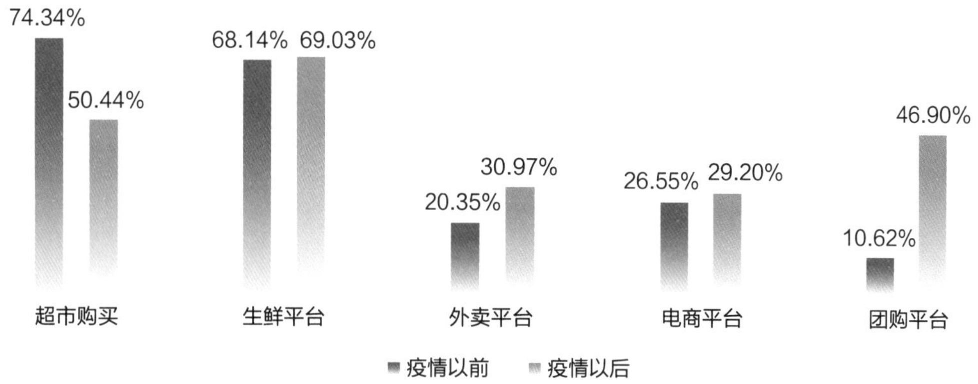

图 11-4　疫情前后上海市民生鲜类食品的购买方式占比

（数据来源：《疫情对上海市民消费行为的影响》）

（三）居民社区依赖性增强，社区数字化治理效能提升

居民活动回归社区，社区功能多元化发展。一是城市居民对社区的依赖性增强。2017—2021 年，上海市中心城工作日步行、非机动车出行不断增加（见图 11-5），侧面反映了居民与居住地的联系更加紧密。社区组织和社群的发展也促进了社区凝聚力的提升，增强了居民的社区归属感，如四平路街道的“NICE 社群”[24]、新华路街道的青年社区、莘庄镇的莘社区等。二是社区功能不断向多元化、复合化发展。

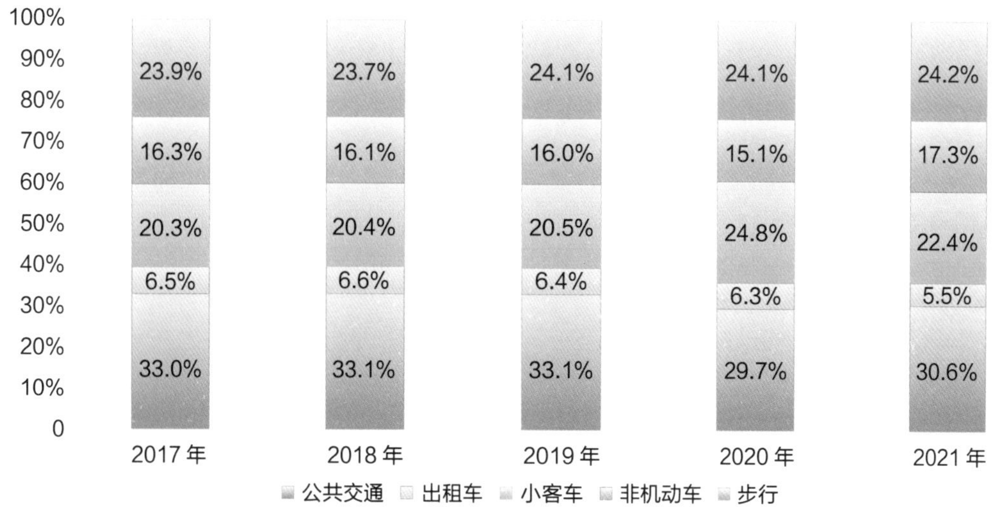

图 11-5　中心城工作日日均出行方式结构

（数据来源：《上海市综合交通发展年度报告 2022》）

[24] 由同济大学和四平路街道共同打造的社群。

功能完善的社区综合服务体系加快构建布局，如徐汇区建设 40 个“邻里汇 · 生活盒子”，配齐社区餐饮、卫生、商业、文体等多样化功能。社区食堂、社区共享健身房成为市民日常餐饮、体育锻炼新选择，鸿寿坊、愚园公共市集等社区商业成为新晋“网红打卡点”，社区就业服务站和共享办公场所逐渐增多。

社区生活圈建设升级，智能监测管理水平提升。全市层面，为促进社区治理和公共服务一体化发展，上海建成全市统一的社区基础信息数据库和“社区云”平台[25]，结合“15 分钟社区生活圈”建设导向，形成养老、教育、医疗、出行等一体化的服务和平台。地区层面，积极搭建数字化服务场景和监测管理平台。例如，花木街道基于智能化全息测绘技术，获取建筑空间数据并进行建模，实现户、楼、小区、居委会、街道等多层级实时监测管理；江苏路街道通过打造“和美家园数字生活圈”“数字孪生街区”等，构建多样化的生活服务一体化数字场景，加强社区监测和运营；北新泾街道建设“AI+ 社区”，注重多元生活场景服务，聚焦康养、文体、金融、出行等多种功能。

三、数字时代的上海未来城市空间适应方向

当前，上海正在加快推进城市数字化转型，除了建设数字基础设施和多种应用场景，还需加快城市空间的适应性转变，更加突出功能混合、弹性适应、绿色高效等理念，努力营造真实的生活体验环境，避免数字技术对生活的“异化”。同时，不断提高城市资源利用效率，增强城市数字治理能力，让数字技术始终围绕人的需求发展，建设真正为人服务的数字城市。

（一）建设“生活 + 体验”的城市中心区，加快办公、商业等单一功能空间“适应性”转型

为应对在未来灵活办公模式下，大型商业和办公空间需求下降可能导致的市中心活力丧失挑战，应推动城市中心区由“以生产为中心”向“以人为中心”的功能转型。

一是围绕人对美好生活环境的不变追求，让市中心增加生活属性。适当推动老旧和冗余办公、商业等单一功能空间向保障性住房、公共服务、创新孵化等功能灵活转型，保持居住与就业人口平衡，保障夜间商业、交通与市政服务能力，营造 24

[25] “上海社区云”是 2020 年上海市民政局推出的一个社会治理线上平台，目前推出了“上海社区云”微信小程序，包括社区动态、邻里敲门、留言板、社区活动、问卷调查等功能。

小时活力城区。

二是围绕人“面对面”交流和多样化体验的需求，提升市中心的综合吸引力。结合未来功能转型可能释放出的“剩余”空间，不断加大市中心公共空间、慢行空间和公园绿地的建设力度，营造更多元的城市生态与文化体验场景、更丰富的线上线下实时链接社交场景，探索“以公园为导向”（Park Oriented Development，POD）、“以文化为导向”（Culture Oriented Development，COD）的城市发展模式，让人们得以更诗意地在城市栖居。

（二）打造以人为核心的社区生活圈，建设“生活—工作—娱乐”一体化未来社区

为满足日益增长的以短距离出行为主、虚实空间实时互动的生活需求，应加快打造满足随时随地工作、随时随地社交、线上线下真实互动的城乡社区。

一是营造功能复合的社区共享空间。结合公共服务设施、开放空间，布局集合工作、社交、购物、娱乐、运动等功能为一体的社区共享空间，将远程或共享办公设施、综合性商业设施，以及小型博物馆、艺术馆、电影院、剧院等纳入城乡社区生活圈建设标准。

二是注重社区本地文化与归属感的营造。充分挖掘本土生活模式和历史记忆空间，将文化艺术氛围带入日常街道和乡野村舍，通过社区营造模式鼓励居民参与城乡社区的可持续建设。利用虚拟场景和社区微场景，让历史记忆真实重现，让线上社交走入日常生活，使社区物质、人力和文化资源得以更高效统筹。

三是增强社区数字化服务普及度与包容性。以智能技术重构城乡社区生活服务链，提供覆盖政务、工作、娱乐、公共服务和生活互助等全场景的便捷智能服务新模式。通过开放共享优质数字资源，加快提升全民数字素养，针对老年人、残障人士等特殊群体需求，加强网站、应用软件的无障碍及适老化改造，提供线下培训与辅助服务。

（三）发展数字孪生城市新形态，提升城市高效绿色运行能力

为应对数字城市高频动态特征对城市治理带来的挑战，应依托孪生城市形态，充分认识并回应人的真实生活方式和复杂需求，精准描绘城市动态特征，实现存量空间资源的实时最优配置。

一是建设孪生城市底座，加强城市空间实时监测。关注新生产、新生活、新出行模式对办公、商业、居住空间带来的变化，加强居民活动规律和人地关系的实时监测和长期跟踪分析。加快布局 MEMS 传感器、IoT、算力中心等新型基础设施，

建设城市级数字孪生底座平台，实现对城市系统全要素全生命周期的数字化记录、对城市状态的实时感知以及对城市发展的智能干预和趋势预测。

二是聚焦交通、低碳等重点领域，加快数字化治理应用场景布局。在交通领域，以数据衔接出行需求和服务资源，实现行前、行中、行后等出行环节的全流程覆盖，积极响应日常交通出行方式的实时变化，加快高效、灵活、绿色的交通组织模式转型。在低碳领域，推动数字孪生技术在碳排放数据监测、统计、核算中的应用，通过多维动态模拟分析，动态演绎碳达峰、碳中和路径，以个人“碳账户”实时反馈监测与预测数据，引导更绿色的城市生活方式。

三是创新规划管理技术，提升城市空间弹性适应能力。对数字设施建设基础良好、功能多元混合的特定片区，建设城市生活实验室，开展空间使用动态监测与规划方案的设计、验证，动态调整交通组织与各类用地供给方案，为城市土地资源的高效利用提供创新解决方案。结合中心城重点城市更新单元，优化混合用途的灵活用地供给和立体化布局策略，创新试验公共空间和建筑设计的“中性用途”，将空间作为服务平台，结合城市运营机制，鼓励按需、分时灵活提供场所功能。

跨界城镇圈是上海大都市圈的最小空间协同单元，也是跨界协同的重点区域。自 2016 年以来，3 个邻沪跨界城镇圈（安亭—花桥—白鹤、枫泾—新浜—嘉善—新埭、东平—海永—启隆）协同规划相继完成批复并进入规划实施阶段。通过评估发现，跨界城镇圈规划实施成效显著，但也存在重点难点领域的实施进展相对缓慢、城镇圈规划与法定规划的传导关系仍需加强、协同机制有待进一步发挥等问题。为此，借鉴国内外跨界地区协同发展经验，落实国家战略实施、区域发展格局优化以及重大项目落地等新要求，本议题提出探索多样化的治理模式、进一步锚固发展重点、强化与法定规划衔接等策略建议，切实发挥协同规划的平台作用，提升邻沪跨界城镇圈协同治理水平。

CHAPTER 12

第十二章

发挥规划引领作用，推进邻沪跨界城镇圈协同治理

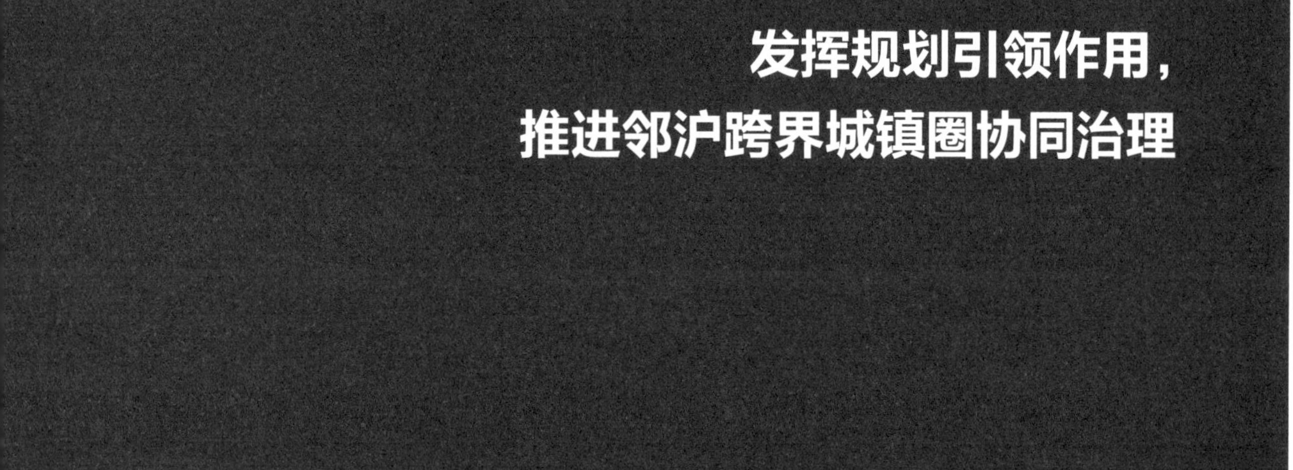

上海大都市圈涉及多个空间层次，其中跨界城镇圈是邻沪地区空间组织和资源配置的基本单元，也是区域协同的最小空间单元。开展跨界城镇圈规划编制工作，有利于协调跨界协同主要矛盾，促进服务设施共享、产业功能布局优化、基础设施统筹融合。自 2016 年以来，上海主动与邻沪地区对接，以规划先行积极推进跨界地区协同，率先完成《上海市城市总体规划（2017—2035 年）》中提出的安亭—花桥—白鹤、枫泾—新浜—嘉善—新埭、东平—海永—启隆三个跨界城镇圈（以下简称“安亭城镇圈”“枫泾城镇圈”“东平城镇圈”）协同规划编制并印发实施（见图 12-1）。

图 12-1　三个跨界城镇圈在上海大都市圈中的位置

（来源：根据《上海大都市圈空间协同规划》“上海大都市圈空间协同层次范围示意图”改绘）

总体而言，通过规划编制和实施，各方不断凝聚共识，促进各级各类协商平台搭建，切实缓解了跨界地区协同的瓶颈问题。为贯彻落实习近平总书记深入推进长三角一体化发展座谈会精神，面对新形势新要求，全面评估上述三个已批邻沪跨界城镇圈协同规划实施情况，提出推进规划有效实施的策略建议，提升邻沪跨界城镇圈协同治理水平，为长三角和上海大都市圈跨界地区更高质量一体化发展提供支撑。

一、跨界城镇圈协同规划实施现状与问题剖析

三个跨界城镇圈内部人缘相亲、文化相通，形成了紧密的生活、就业联系，有着良好的协同基础。自协同规划批复以来，各级政府均高度重视规划实施，各地居民也对城镇圈有着较高的认同感。

（一）实施成效

空间底线管控相对有力。安亭城镇圈有效落实了城镇圈规划提出的规模管控目标，现状建设用地规模呈现下降趋势，其中安亭镇和白鹤镇减量化力度较大。东平城镇圈的发展规模和建筑高度都得到了较好管控，三镇的现状建设用地规模、开发强度、建筑高度都基本满足规划要求，总体开发强度也未突破规划上限，用地扩张态势得到一定程度遏制。生态廊道内工业企业有序腾退，安亭城镇圈的吴淞江生态廊道、枫泾城镇圈的嘉善—姚庄—枫泾生态廊道内，工业地块清退和生态修复均稳步实施。

设施共建共享推进有序。安亭城镇圈 9 条跨省干道已贯通 4 条，枫泾城镇圈的兴豪路、叶新公路和毗邻小路等跨界断头路也已打通，多条跨界道路对接完成。公共服务设施共享程度不断提升。安亭城镇圈内嘉亭荟城市生活广场、上海汽车博物馆、东方肝胆医院安亭分院的客源中，来自花桥镇的比例分别为 22.4%、10.3% 和 6.6%[1]，可见安亭已经成为城镇圈的服务中心。

协同治理机制不断完善。三个城镇圈在区县层面都签订了战略合作框架协议，建立了联席会议制度，街镇层面的治理模式也各有特色。安亭城镇圈早在 2018 年就成立了实体化运作的“安花白共同推进长三角一体化高质量发展办公室”，连续四年发布年度共建计划，形成了常态化工作机制。枫泾城镇圈以毗邻党建引领，构建了“四方联盟 · 党建一体”工作格局，并在生态共治等重点领域开展专题协商。东平城镇圈确立了“共同编制、共同认定、共同指导下位规划、共同监督实施管理”的“四

[1] 数据来源：2021 年百度地图慧眼。

个共同”空间协同工作机制，并列入崇明区每年政府依法行政工作内容中。

跨界城镇圈得到广泛关注与认同。各街镇官方微信公众号对城镇圈的相关新闻报道成为热点，如安亭城镇圈关于三地共建的新闻在近 6 年内多达 600 多条，仅 2023 年就有 127 条。城镇圈内居民和社会团体也自发开展了形式多样的交流活动，如安亭城镇圈举办了各类艺术展、讲座、体育赛事、文化节庆活动等，不断增进三地居民对于“圈里人”的身份认同和情感认同。枫泾城镇圈各街镇在经济文化、风俗习惯上一脉相承，催生了各类民间文化交流活动。

（二）存在问题及原因剖析

1. 重点难点领域的实施进展相对缓慢

三个跨界城镇圈的发展阶段、协同基础、目标定位等有所不同，因而在协同事项上各有侧重，实施进展和成效也有所差别。从协同项目来看，主要集中在各方能实现共赢、操作相对容易、显示度高的领域，如党建联建、文旅共建、联合执法、道路对接、省际公交以及公共服务共享、社会基层治理等受益面较广的领域，“难啃的硬骨头”还有待解决。

其中，产业协同方面，以市场行为为主的推进成效较好，如安亭城镇圈在早期良好的产业发展基础上，围绕链主企业自发形成了以安亭为核心的汽车产业上下游分工。**政府主导的园区共建开发机制推进落实则较为艰难**。如枫泾城镇圈内由金山、平湖合作共建的张江长三角科技城，两地原先设定的“统一管理、统一招商、统一运营”的工作机制还未能实现。

跨界道路、城际铁路实施方面，仍存在衔接不畅的情况。部分原因在于作为推进跨界任务落实的实际协调者，**街镇层级政府事权相对有限，重要事项需上升到省市级乃至国家层面才能予以协调解决**。如安亭城镇圈在推进宝安公路和金阳路贯通的方案中，分别涉及到占用永久基本农田和生态保护红线等刚性管控要素，必须由上级政府指导和协调。

规划高等级公共服务设施建设相对滞后。一方面，**实施动力不足**，如东平城镇圈主要依靠城桥镇提供市级和城镇圈级的公共服务设施，实际需求并不迫切，规划提出新增和升级的公共服务设施均未能实施。另一方面，部分规划高等级公共服务设施还受到**全区资源统筹配置的影响**。

2. 城镇圈规划与法定规划的衔接传导关系仍需加强

城镇圈规划以协同为导向，内容多为建议类或协调类。在规划落实方面，江浙邻沪地区存在根据自身需求“选择性实施”的情况。如安亭城镇圈中的花桥镇、枫泾城镇圈中的嘉善城区在各自所属市县在编国土空间总体规划中，规划建设用地均超过了城镇圈规划确定的规模。枫泾城镇圈规划根据嘉善提出的“与枫泾共同恢复枫泾古镇全范围”的诉求，建议枫泾与嘉善联合编制控制性详细规划。在实际操作中，因缺乏规划共编共审的协同机制，两地未能实现紧密沟通，造成紧邻枫泾古镇的地区规划多为房地产项目。究其原因，**城镇圈规划提出的“共同实施的监督机制”尚未建立**，规划的实施程度和预期目标的实现情况难以及时沟通反馈，一定程度上制约了从“图景共绘”到“图景共筑”的实现。

3. 协同机制作用有待进一步发挥

从推进情况来看，跨界协同先易后难，现有机制不断发挥作用，但在产业协同、生态补偿等涉及核心利益的领域方面推动力相对不足。一方面，由于跨界城镇圈涉及多层次、多主体，**各级政府间沟通渠道还不够畅通，较难形成上下一致的合力**。跨界协调发展的本质，归根结底是利益和事权的协调。区县层面，普遍采用“合作协议”“合作备忘录”为代表的战略框架协议以及轮值会议制度等形式。在实践过程中，战略协议合作内容覆盖面广，通常不具有实质性的约束力，地方宣传意义大于协同本身；轮值会议以商议原则性、共识性议题为主，召开频率较低，对具体项目的推进指导不足，难以做到及时回应和协调解决相关具体问题。街镇政府是具体推动协同事项的主体，但往往不具备跨省协调事权或协商能力，在重大问题协调的决策上较难发挥实质性作用。此外，企业等多元主体在协调事项中的参与度还不够，推动规划有效实施的机制措施和政策支持还不足。

另一方面，各城镇圈在规划编制过程中，各跨界主体形成了定期交流、充分沟通的交流平台，不断消除矛盾、达成共识，取得了良好的效果，但规划批复后并未常态化运行。规划提出的相关机制设想也有待进一步落实，如东平城镇圈规划提出的“决策层—协调层—执行层”三级运作协同机制仍停留在规划层面。

二、跨界地区协同发展的新趋势新要求

（一）跨界地区协同发展经验借鉴

跨界地区协同治理是区域协调发展的重要议题之一。早在 1990 年代，欧洲一体化进程中的跨界地区就成为西方区域研究的焦点之一。我国自《国家新型城镇化规划（2014—2020 年）》出台以来，推进跨行政区协同逐渐成为共识，对跨界地区

的研究和实践也逐渐增多，呈现出新的发展趋势。

1. 从设施共建到高质量融合

跨界地区协同一般都从基础设施的互联互通起步，逐步走向高质量融合发展。例如广州和佛山在全国最早实现交通设施互联，每日出行往返频繁，在十年同城化发展的基础上，沿边界线共谋共建“高质量发展融合试验区”，聚焦生态、交通等责任共担型要素，产业、文化等互补共赢型要素，以及土地等试点共谋型要素，强调“多要素融合共建”。同时，**各地也更加注重以生态作为促进跨界地区融合的柔性抓手**。例如，北京通州区和河北的北三县共建潮白河生态绿带，广佛也提出打造 100 公里长的南北生态文化带，作为连接跨界地区城市功能的活力纽带。

2. 从项目协同到一体化制度创新

早期的跨界协同以市场自发的项目协同为主，随着功能联系趋于紧密，进入了政府整体协调推动的阶段，以空间协同规划作为跨界地区协同治理的新路径。近年来，**各地更加注重依托规划编制搭建协同平台，推动政策制度创新，以实现全方位协同**。例如长三角一体化示范区在管理机构、法定化管控、规划标准化、政策制度设计等方面实现突破，依托理事会、执委会架构，编制国土空间总体规划和各领域专项规划，统一国土空间保护开发标准，形成一套自然资源管理一体化的政策机制。又如，通州区和北三县探索建立了“统一规划、统一政策、统一标准、统一管控”的协同发展机制。

3. 从规划政策文件到行动项目实施

跨界地区协同不能仅限于出台规划政策文件，还需要强化实施推动，**鼓励以跨界协同项目为主导的“穿透式”实践，贯穿“规划—建设—管理”全流程，形成全过程闭环实施保障机制**。例如欧盟的跨境地区合作计划（Interreg A），从基金激励、管理运营、跟踪评估等方面，提供广泛的项目合作支撑。一是设立欧洲区域发展基金（ERDP），资助跨境地区合作计划。二是搭建系统性整合平台，针对不同区域的跨界项目，进行公共服务、基础设施等不同领域的资源调控，并在管理结构和流程上优化整合，支撑各项目的常态化运作。三是通过“跨境评议”强化对协同计划实施的跟踪，并依托欧洲区域发展观察网络（ESPON）开展项目数据跟踪分析和维护更新。

4. 从目标共识到利益共同体构建

跨界地区协同的焦点从矛盾协调沟通、目标共识达成，逐渐转向基于多元主体

共赢诉求的利益共同体构建。在近年的协同实践中主要有两类利益共同体形式，**一类是市场层面的联合运营**，例如广佛两地联合成立同城化开发运营机构，即广佛投资发展（广东）股份有限公司，针对具体合作共建项目再下设项目公司。**另一类是专题层面的协同联盟**，例如上海金山与浙江嘉兴共建长三角“田园五镇”联盟，以毗邻党建引领区域联动发展，先后设立乡村振兴先行区和共同富裕先行示范区，并建立了全国首个跨省域合作发展公司。跨界地区正在不断探索政府、市场共同缔造的合作关系，实现发展共谋、责任共担、成果共享。

（二）跨界城镇圈协同发展面临的新要求

2023 年 11 月 30 日，习近平总书记主持召开深入推进长三角一体化发展座谈会，为推动长三角一体化发展取得新的重大突破指明了前进方向。在 2023 年度长三角地区主要领导座谈会上，沪苏浙皖自然资源部门共同签署《推进长三角区域国土空间规划协同工作合作备忘录》，成立长三角空间协同专题合作组，提出要从长三角、上海大都市圈、跨行政区特定功能区三个空间层次加强规划协同。其中，作为区域协同的最小层次，邻沪跨界城镇圈是区域高质量一体化发展的重要先手棋和突破口，**要以新发展理念为引领，与时俱进，不断适应发展新格局。**

三个跨界城镇圈都需要将自身发展放在区域和市域空间发展格局的视野下，不断提升能级、完善功能、优化布局。**区域层面**，放在上海大都市圈整体空间格局中谋划，对于安亭城镇圈和枫泾城镇圈，还应放在虹桥国际开放枢纽“一核两带”发展格局中，承载北向和南向拓展带的特色功能。**市域层面**，放在“十四五”期间“中心辐射、两翼齐飞、新城发力、南北转型”的市域空间新格局中系统考虑，如枫泾应落实金山整体转型要求，并促进金山与嘉善、平湖等毗邻区域协同发展。

同时，还要前瞻布局，推动重大项目落地。充分审视重大基础设施、重点文旅项目规划建设和重大事件举办对跨界城镇圈空间格局产生的新影响，及时做出评估和优化调整。例如，嘉青松金线、南枫线选线及站点设置将带动沿线功能布局优化和城镇发展，上海乐高度假区的建设将为枫泾城镇圈带来文旅经济发展新机遇。

三、推进跨界城镇圈协同规划实施的建议

随着长三角一体化发展战略的深入推进，区域协同重点将进一步从大尺度空间向中小尺度层次纵深拓展。跨界城镇圈聚焦中微观层面，更加关注协同的现实诉求和问题，推动其规划编制和实施不仅可以确保宏观层面的大都市圈空间协同规划向下传导落实，同时也能促进区域空间治理模式创新转型，是最有条件率先实现高质

量一体化发展的区域之一。为此，可以此为试验田，发挥探路者的角色，持续探索在“不破行政隶属、打破行政边界”的原则下，实现共商、共建、共享、共赢的治理新路径，为高密度地域的跨界空间协同治理积累更为丰富、生动、有效的实践。

（一）构建多样化的治理模式，形成利益共同体

协同治理是推动各政府主体落实城镇圈规划的重要制度基础，结合各城镇圈发展阶段、治理需求等，探索建立刚柔相济、务实有效的差异化治理模式。

因地制宜，搭建常态化运作且高效的治理平台。以平等共享为原则，向上打通与上级政府的沟通渠道，强化区县以及省、市层面的指导；向下建立街镇间平等协商的平台，支持常态化交流，并引入多元主体共同参与，形成与事权相匹配的治理平台。精简协调程序，降低协调成本，提高执行能力。有条件的地区可以视情况建立实体化的治理平台，鼓励各种专题形式的对接，并通过项目化运作来促进跨界项目的协调对接，将协同规划提出的协同机制落到实处，真正发挥作用。

进一步完善政策保障体系。可借鉴长三角一体化示范区的经验，出台重点领域支持政策，如规划、土地、项目建设的跨区域协同机制，金融财税政策、基本公共服务、各类交通网络基础设施统一标准等，循序渐进推进制度衔接、政策协同、标准趋同。

探索建立利益共享、风险共担、利益补偿等机制，从空间布局协调向核心利益协调拓展。面对跨界空间中存在的多元利益，坚持政府引导、市场运作、合作共建，充分调动市场力量，通过利益调配、利益补偿等机制的建立，形成包含各层级政府、相关企业在内的利益共同体。如成立统一的开发运营公司、开发基金等，建议可以张江长三角科技城为试点，探索区域合作新模式。

（二）进一步锚固发展重点，明确项目清单

结合总体发展导向，按照重要性、紧迫性以及体现显示度的原则，识别各城镇圈发展重点，形成“关键项目 + 行动计划 + 政策机制”的实施方案。

跨界城镇圈是上海大都市圈邻沪生态空间和城镇有机融合的重要发展带，因此需要**将生态协同摆在首位，优先识别边界品质优越的生态和农业空间**，以重要生态节点和廊道建设来筑牢生态基底。如积极推进落实枫泾城镇圈中的跨区域生态绿心建设，以联动嘉善、枫泾、新埭核心生态绿地为基础，形成共建共保的重要空间载体，并适度植入文化、体育、休闲、观光等多种功能，促进生态景观与周边城镇功能区的良性互动。积极推进吴淞江、G60 等生态廊道建设，并同步建设区域绿道，将生态价值有效转化，实现高质量协同发展。

选择承载引领性核心功能的重点地区和具有重大影响的产业、交通等示范项目，打造跨界战略性合作节点。如对于安亭城镇圈，依托嘉青松金线、宝嘉线等市域线布局，突出安亭枢纽的带动作用，促进周边地区功能提升和结构优化，形成“枢纽带动＋生态引领＋创新集聚”的发展模式。对于枫泾城镇圈，依托金山北站，统筹上海乐高乐园和周边自然文化资源禀赋，形成地区激活的核心锚点。

进一步明确重点地区和重大项目推进时序，适时列入城镇圈年度共建计划、各地年度行动计划等，形成项目清单。同时，探索建立涵盖立项、审批、资金支持等各环节协同机制，明确责任主体、资金来源、工作节点等关键要素，形成全过程闭环实施方案。

（三）强化与法定规划的衔接，注重协同规划实施传导

为确保跨界城镇圈规划目标的准确传递和核心内容的深化细化，建立有效的规划传导机制，衔接法定规划予以强化落实。同时探索构建规划实施监测评估、动态维护与考核反馈机制，保障规划实施。

将城镇圈规划涉及底线和协同的核心内容纳入相应的国土空间总体规划中，通过法定规划保障协同事项的落地实施。可以**针对协同规划涉及的重要专项内容单独编制专项规划**，例如生态、交通、设施等涉及底线管控和责任共担的关键要素，或者在城镇圈规划中暂未明确的事项，通过编制“一对一”的专项规划，予以稳定和落实。还可**针对城镇圈重点地区单独编制详细规划**，形成规划“一张图”，为国土空间用途管制、实施建设项目规划许可、强化规划实施监督提供依据。

APPENDIX

附录

全球城市榜单中上海的位次

全面落实国家对上海发展的新要求，坚持总规引领，秉承国际视野，对全球城市各大榜单进行持续性、常态化跟踪，清醒认识上海在全球城市竞争格局中的位次变化。

一、全球城市榜单选取

聚焦加快构建新发展格局、推动高质量发展、建设人民城市，分**综合实力、五个中心、文化发展、宜居韧性** 4 类，选取具有较高认可度和国际影响力、连续发布且覆盖国际国内主要城市的 12 个全球城市榜单进行跟踪研究（见附表 1）。

附表 1　全球城市榜单一览表

分类	名称	简称	机构	更新周期	最新年份
综合实力	全球城市实力指数报告（Global Power City Index）	GPCI	日本森纪念财团	1 年	2023
	全球城市报告（Global Cities Report）[1]	GCR	美国科尔尼管理咨询公司（ATKearney）	1 年	2023
	世界城市名册（The World According to GaWC）	GaWC	英国拉夫堡大学全球化与世界城市研究小组（Globalization and World Cities Study Group and Network）	2 年	2020
五个中心	全球金融中心指数（The Global Financial Centres Index）	GFCI	英国智库 Z/Yen 集团和中国（深圳）综合开发研究院	半年	2023.9
	新华·波罗的海国际航运中心发展指数报告（Xinhua-Baltic International Shipping Centre Development Index）	ISCDI	中国经济信息社和波罗的海交易所	1 年	2023
	国际科技创新中心指数（Global Innovation Hubs Index）	GIHI	清华大学产业发展与环境治理研究中心（CIDEG）联合施普林格·自然集团（Nature Research）	1 年	2023
	创新城市指数（Innovation Cities Index）	ICI	澳大利亚 2thinknow 研究机构	1 年	2022—2023
	全球人才竞争力指数（The Global Talent Competitiveness Index）	GTCI	德科集团与欧洲工商管理学院（INSEAD）	1 年	2022

[1] 全球城市报告（GCR）包括全球城市指数（GCI）和全球城市潜力（GCO）两个排名。根据排名的主要目的，本文跟踪研究了其中的全球城市指数排名（GCI）。

（续表）

分类	名称	简称	机构	更新周期	最新年份
文化发展	国际交往中心城市指数（International Exchange Centers Index）	IECI	清华大学中国发展规划研究院与德勤中国	1年	2022
	全球目的地百强城市（Top 100 City Destinations）	TCD	欧睿国际（Euromonitor International）	1年	2022
宜居韧性	可持续城市指数（The Arcadis Sustainable Cities Index）	SCI	荷兰凯谛思公司（Arcadis）	1年	2022
	全球城市安全指数（The Safe Cities Index）	SCI	英国《经济学人》（The Economist）	2年	2021

二、上海排名及其变化情况

（一）综合实力：上海位于全球城市网络中的第二方阵

综合实力跟踪日本森纪念财团发布的**全球城市实力指数（GPCI）**、美国科尔尼管理咨询公司发布的**全球城市指数（GCI）**、英国拉夫堡大学全球化与世界城市研究小组发布的**世界城市名册（GaWC）**3个榜单。2017—2023年，上海在综合实力中的排名波动上升，位于全球城市网络中的第二方阵（见附表2）。

附表2　2017—2023年综合实力领域榜单上海排名

榜单	上海排名						
	2017年	2018年	2019年	2020年	2021年	2022年	2023年
全球城市实力指数（GPCI）	15	26	30	10	10	10	15
全球城市指数（GCI）	19	19	19	12	10	16	13
世界城市名册（GaWC）[2]	—	6	—	5	—	—	—

全球城市实力指数（GPCI）中，上海2017年至2023年排名波动较大，处于10～30位。其中，2017年上海排名第15位，2019年受经济、环境等评价维度影响，曾下降至第30位。2020—2022年上海的排名连续三年保持第10位，2023年排名第15位（见附图1）。上海在**全球城市指数（GCI）**中的排名由2017年的第19位上升到2023年的第13位。2021年上海的排名最高达到第10位，2022年受疫情等因素影响下降到第16位（见附图2）。**世界城市名册（GaWC）**中，上

[2] 世界城市名册排名每两年公布一次，2016年上海排名为第9位。

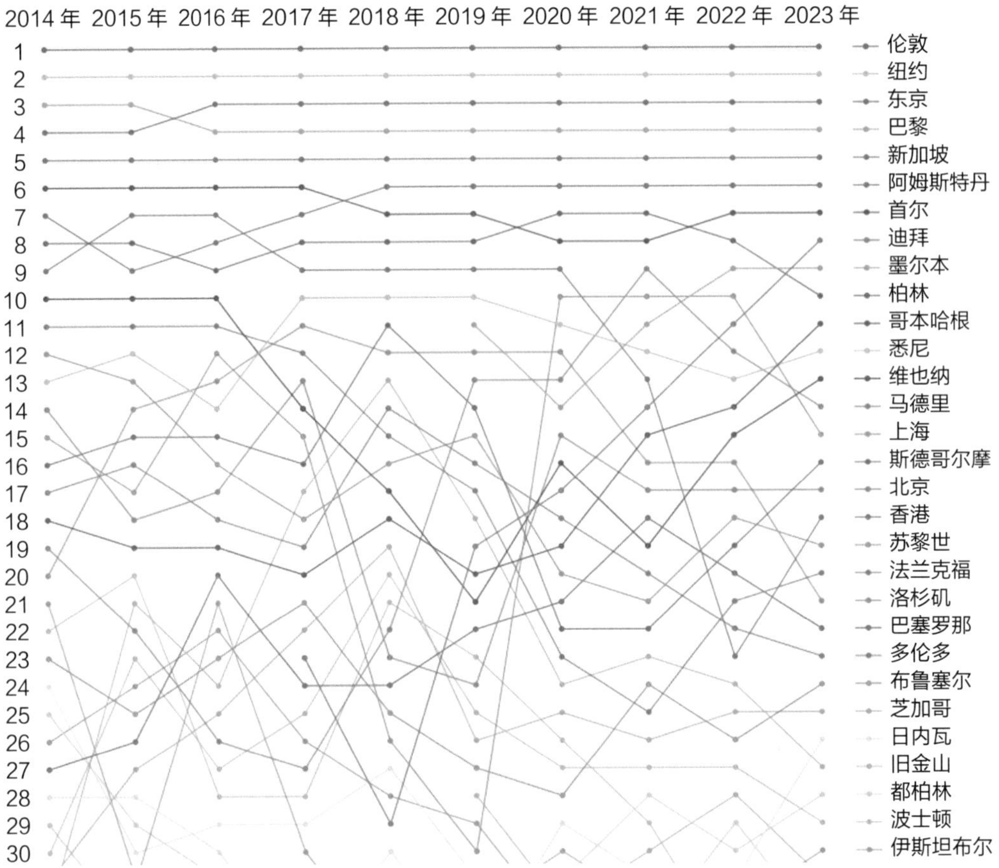

附图 1　2014—2023 年全球城市实力指数（GPCI）部分城市排名

（数据来源：2014—2023 年《全球城市实力指数报告》）

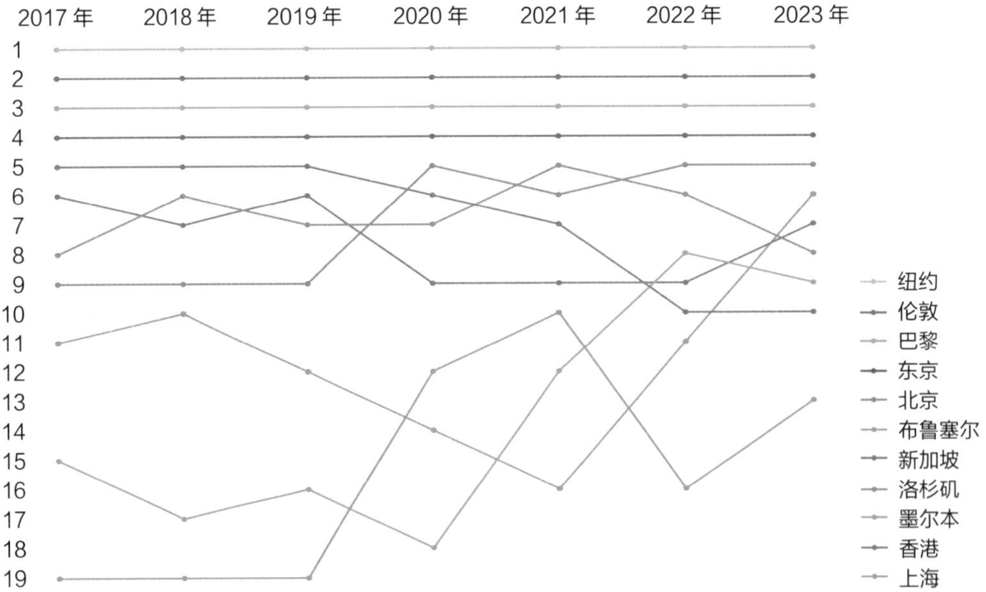

附图 2　2017—2023 年全球城市指数（GCI）部分城市排名

（数据来源：2017—2023 年《全球城市报告》）

海的排名从 2016 年的第 9 位上升到 2020 年的第 5 位，达到了历史高位，进入具有较高集聚和服务能力的全球城市前列。

在各项综合榜单中，伦敦、纽约、巴黎、东京等全球城市凭借强大的综合实力，排名稳定在前列。在 2023 年全球城市实力指数中，上海在交通与可达性、经济、研究与开发等维度排名较高，但在宜居性、环境等维度排名较低（见附表 3）。根据《全球城市报告 2023》，上海与伦敦、纽约、巴黎等具有相对均衡且强大的综合竞争优势的全球城市相比，在商业、人力资本、信息交流、文化体验等维度差距较大（见附表 4）。

附表 3　2023 年全球城市实力指数（GPCI）评价维度与上海排名

维度	细分维度	上海 2023 年单项排名
经济	市场规模、市场吸引力、经济活力、人力资本、商业环境、经商便利性	11
研究与开发	学术资源、研究环境、创新	11
文化与交流	引领潮流的潜力、旅游资源、文化设施、旅游设施、国际互动	23
宜居性	工作环境、生活成本、安全与保障、幸福生活、生活便利性	30
环境	可持续性、空气质量与舒适度、城市环境	33
交通与可达性	国际网络、航空运输能力、市内交通、运输的舒适性	9

（数据来源：《全球城市实力指数报告 2023》）

附表 4　2023 年全球城市指数（GCI）各评价维度和指标领先城市

各维度上的领先城市				
商业活动 **纽约**	人力资本 **纽约**	信息交流 **巴黎**	文化体验 **伦敦**	政治事务 **布鲁塞尔**
各指标上的领先城市				
– 全球财富 500 强企业 **北京** – 领先的全球服务企业 **伦敦** – 资本市场 **纽约** – 航空货运 **香港** – 海运 **上海** – ICCA 会议 **维也纳** – 独角兽企业数量 **旧金山**	– 非本国出生人口 **纽约** – 高等学府 **波士顿** – 高等学历人口 **东京** – 留学生数量 **墨尔本** – 国际学校数量 **墨尔本** – 医学院校数量 **伦敦**	– 电视新闻接收率 **布鲁塞尔** – 新闻机构 **纽约** – 宽带用户 **巴黎** – 言论自由 **奥斯陆** – 电子商务 **新加坡**	– 博物馆 **莫斯科** – 艺术表演 **纽约** – 体育活动 **伦敦** – 国际游客 **伦敦** – 美食 **东京** – 友好城市 **圣彼得堡**	– 大使馆和领事馆 **布鲁塞尔** – 智库 **华盛顿特区** – 国际组织 **日内瓦** – 政治会议 **布鲁塞尔** – 全球影响力的本地机构 **巴黎**

（数据来源：《全球城市报告 2023》）

（二）五个中心：金融中心和航运中心排名靠前，科创中心排名逐年上升，人才竞争力排名靠后

五个中心跟踪英国智库 Z/Yen 集团和中国（深圳）综合开发研究院发布的**全球金融中心指数（CFCI）**、中国经济信息社和波罗的海交易所发布的**新华 · 波罗的海国际航运中心发展指数（ISCDI）**、清华大学产业发展与环境治理研究中心联合施普林格 · 自然集团发布的**国际科技创新中心指数（GIHI）**、澳大利亚 2thinknow 研究机构发布的**创新城市指数（ICI）**和德科集团与欧洲工商管理学院发布的**全球人才竞争力指数（GTCI）**5 个榜单（见附表 5）。

附表 5　2017—2023 年五个中心领域跟踪榜单上海排名

榜单	上海排名													
	2017 年		2018 年		2019 年		2020 年		2021 年		2022 年		2023 年	
全球金融中心指数（GFCI）[3]	13	6	6	5	5	5	4	3	3	6	4	6	7	7
新华 · 波罗的海国际航运中心发展指数（ISCDI）	5		4		4		3		3		3		3	
国际科技创新中心指数（GIHI）[4]	—		—		—		17		14		10		10	
创新城市指数（ICI）[5]	32		35		33		—		15		—		46	
全球人才竞争力指数（GTCI）[6]	37		70		72		32		77		83		—	

全球金融中心指数（CFCI）中，上海从 2017 年的第 13 位上升到 2023 年的第 7 位。其中，2020 年、2021 年上海的排名达到第 3 位。纽约、伦敦排名稳居前两位，2022 年以来，新加坡、香港、旧金山等城市排名超过上海（见附图 3）。

新华 · 波罗的海国际航运中心发展指数（ISCDI）中，上海从 2017 年的第 5 位上升到 2020 年的第 3 位，并连续 4 年保持第 3 位。新加坡、伦敦排名稳居前两位（见附图 4）。

国际科技创新中心指数（GIHI）中，上海排名逐年上升，2022 年居第 10 位，在科学中心、创新高地等维度表现较好（见附表 6）。从城市一区域层面来看，在世界知识产权组织发布的《全球创新指数报告 2023》中，上海—苏州作为创新集群排第 5 位。但与排名第 2 的“深圳—香港—广州”、排名第 4 的“北京”相比，分别在

[3] 全球金融中心指数（CFCI）每半年公布一次排名情况，截至 2023 年 9 月共公布 34 期排名。
[4] 国际科技创新中心指数（GIHI）自 2020 年开始发布。
[5] 创新城市指数（ICI）2020 年和 2022 年未公布排名。
[6] 全球人才竞争力指数（GTCI）2023 年未公布城市排名。

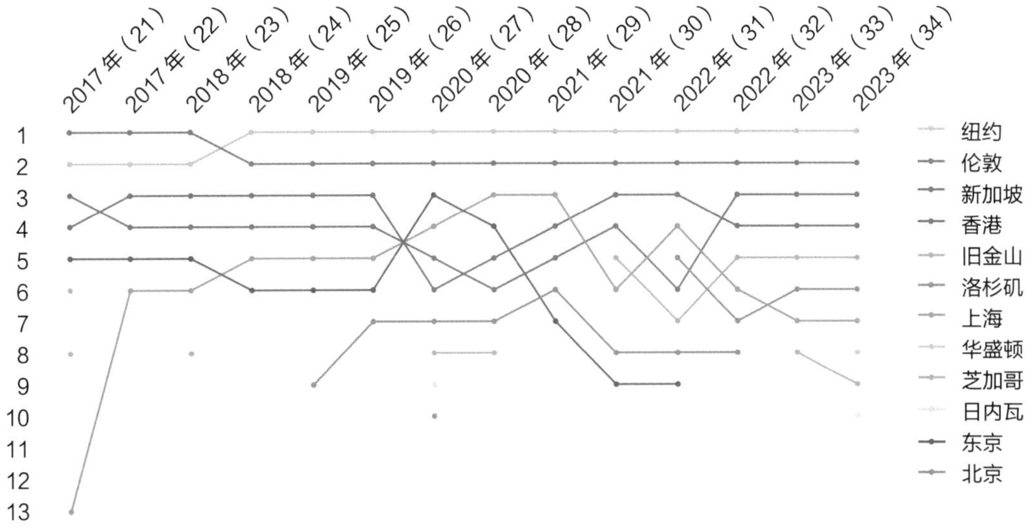

附图 3　2017—2023 年全球金融中心指数（GFCI）部分城市排名

（数据来源：2017—2023 年《全球金融中心指数》）

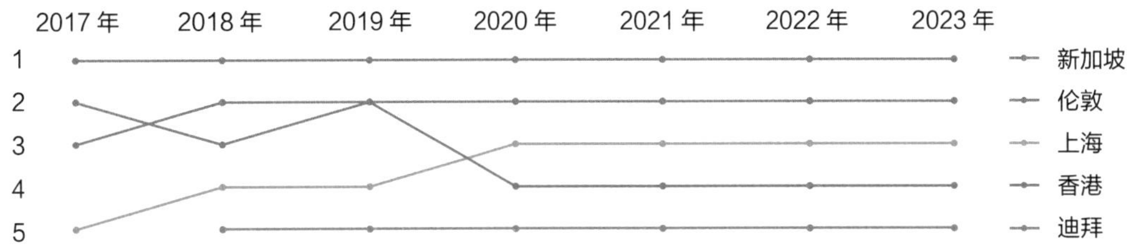

附图 4　2017—2023 年新华·波罗的海国际航运中心发展指数（ISCDI）前五位城市排名

（数据来源：2017—2023 年《新华·波罗的海国际航运中心发展指数》）

附表 6　国际科技创新中心（GIHI）综合排名前 20 城市（都市圈）

排名	城市（都市圈）	2020 年	2021 年	2022 年	2023 年
1	旧金山—圣何塞	1	1	1	1
2	纽约	2	2	2	2
3	北京	5	4	3	3
4	伦敦	6	3	4	4
5	波士顿	3	5	5	5
6	粤港澳大湾区	无数据	7	6	6
7	东京	4	6	7	7
8	巴尔的摩—华盛顿	9	10	15	8
9	巴黎	11	8	9	9
10	上海	17	14	10	10

（续表）

排名	城市（都市圈）	2020 年	2021 年	2022 年	2023 年
11	首尔	16	21	12	11
12	新加坡	14	13	13	12
13	洛杉矶—长滩—阿纳海姆	8	12	16	13
14	芝加哥—内珀维尔—埃尔金	13	17	24	14
15	西雅图—塔科马—贝尔维尤	7	9	11	15

（数据来源：《国际科技创新中心指数》）

PCT 国际专利申请和科学论文数方面差距较大。**创新城市指数（ICI）**中，2017—2023 年上海排名呈现波动变化的趋势。2021 年综合排名第 15 位，创造了历史新高，但是 2022—2023 年排名下降到第 46 位，与伦敦、东京、旧金山、纽约等城市差距加大（见附图 5）。

全球人才竞争力指数（GTCI）中上海排名呈现下降趋势，由 2016 年的第 37 位下降到 2022 年的第 83 位。

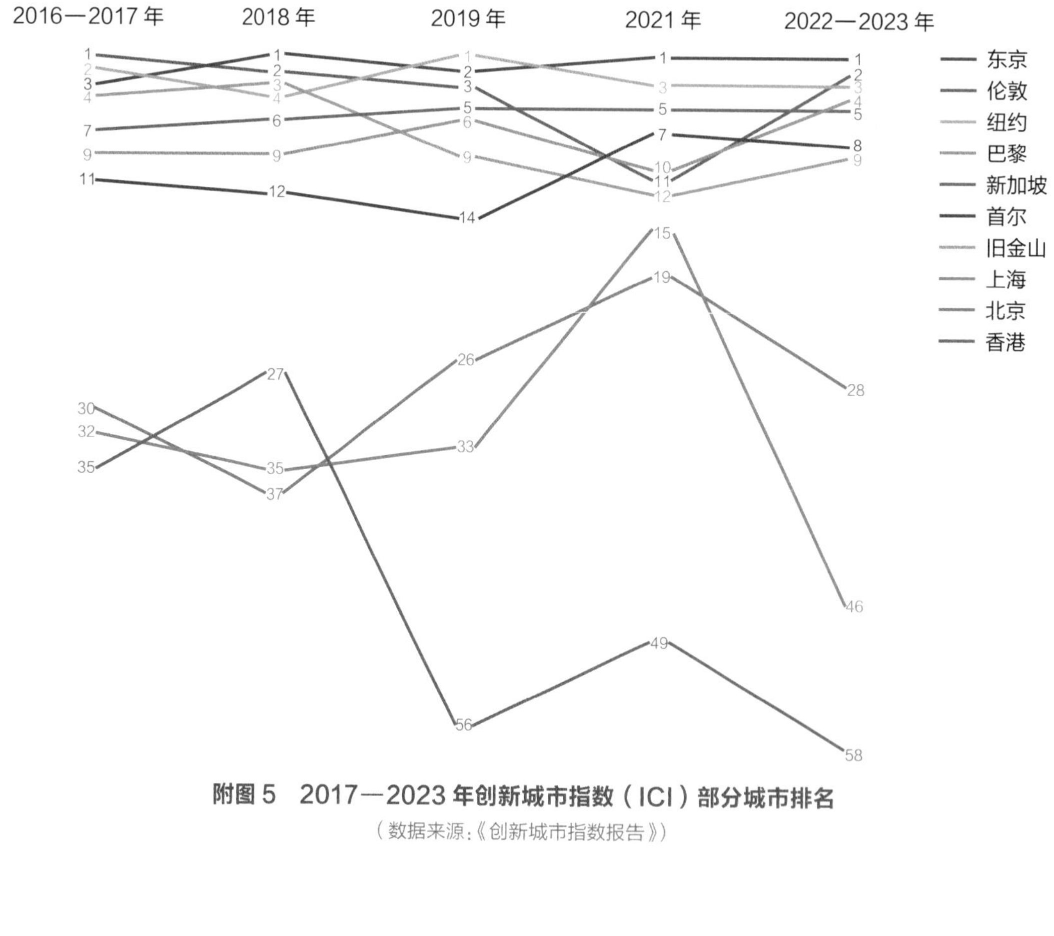

附图 5　2017—2023 年创新城市指数（ICI）部分城市排名

（数据来源：《创新城市指数报告》）

（三）文化发展：文化与交流排名处于全球 20 名前后

文化发展跟踪日本森纪念财团发布的**全市城市实力指数（GPCI）的文化与交流维度**、清华大学中国发展规划研究院与德勤中国发布的**国际交往中心城市指数（TCD）**和欧睿国际发布的**全球目的地百强城市（IECI）**3 个榜单（见附表 7）。

附表 7　2017—2023 年文化发展领域全球榜单上海排名

榜单	上海排名						
	2017 年	2018 年	2019 年	2020 年	2021 年	2022 年	2023 年
全市城市实力指数（GPCI）的文化与交流维度	17	18	25	19	26	24	23
国际交往中心城市指数（TCD）[7]	—	—	—	—	—	16	—
全球目的地百强城市（IECI）[8]	25	26	30	—	31	31	—

全市城市实力指数（GPCI）的文化与交流维度[9]中，2017—2023 年上海排名相对稳定，略微下降，从第 17 位至第 23 位（见附图 6），其中旅游资源、文化设施等表现较好，国际互动和引领潮流的潜力等表现一般。

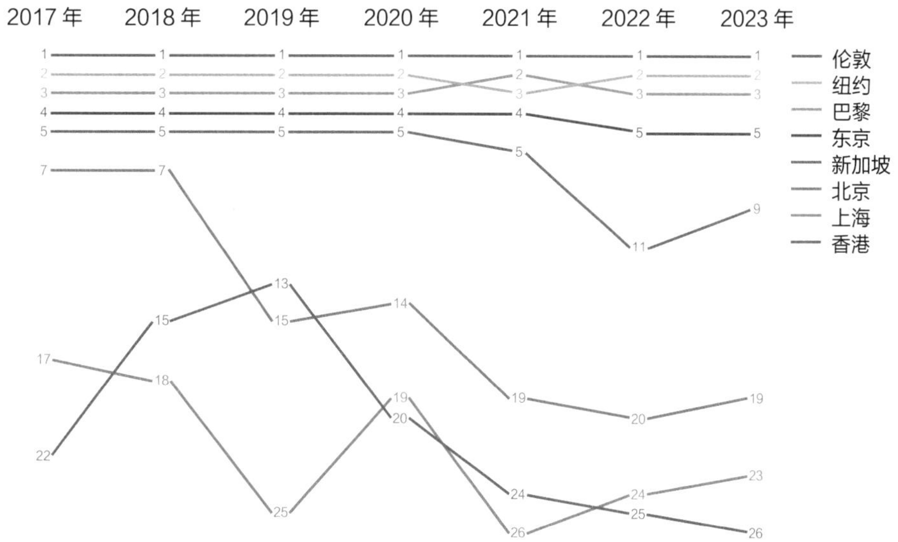

附图 6　2017—2023 年全球城市实力指数（GPCI）文化与交流维度排名比较

（数据来源：2017—2023 年《全球城市实力指数报告》）

7　国际交往中心城市指数（IECI）目前仅公布了 2022 年排名。

8　全球目的地百强城市（TCD）2020 年未公布排名。

9　文化与交流维度包括引领潮流的潜力（国际会议数量、文化活动数量等）、旅游资源（旅游景点、靠近世界遗产地、夜生活的选择等）、文化设施（剧院数量、博物馆数量等）、旅游设施（酒店客房数量、购物选择的吸引力等）、国际互动（外国居民数量、外国游客数量等）。

国际交往中心城市指数（IECI）[10] 中，2022 年上海位列第 16 位，与伦敦、纽约等城市在文化教育和人文交流等方面还有一定差距（见附表 8）。国际旅游目的地优势减弱，旅游吸引点和设施配套优势不突出。

附表 8　2022 年国际交往中心城市（IECI）排名前十的城市和上海排名情况

城市	综合排名	吸引力排名	影响力排名	联通力排名
伦敦	1	3	2	8
纽约	2	1	4	17
巴黎	3	19	1	1
新加坡	4	4	13	3
首尔	5	11	6	4
香港	6	6	7	5
北京	7	24	3	13
东京	8	12	5	16
旧金山	9	2	10	31
哥本哈根	10	9	25	7
上海	17	29	16	9

（数据来源：《国际交往中心城市指数 2022》）

全球目的地百强城市（TCD）中，2017—2022 年上海的排名从第 25 位下降到第 31 位，其中表现较好的维度是旅游表演业，可持续和旅游设施方面表现不够突出。

（四）宜居韧性：整体排名较低，近年来排名有所上升

宜居韧性跟踪日本森纪念财团发布的**全球城市实力指数（GPCI）的环境维度**和**宜居维度**，荷兰凯谛思公司发布的**可持续城市指数（SCI）**和英国《经济学人》发布的**全球安全城市指数（SCI）**等 4 个榜单（见附表 9）。

全球城市实力指数（GPCI）的环境维度[11] 中，2017—2023 年上海排名呈现小幅度上升，由第 41 位上升至第 33 位，可持续性、空气质量和舒适度等不断提升（见附图 7）。**宜居维度**[12] 中 2017—2023 年排名由第 38 位上升至第 30 位（见附图 8）。

[10] 由清华大学中国发展规划研究院、德勤中国联合发布，作为全球首个国际交往中心城市指数报告，关注一个城市在全球要素集聚、政治经济交往和人文交流等方面的参与程度与潜力。

[11] 环境维度包括可持续性（对气候行动的承诺、可再生能源率等）、空气质量和舒适度（人均二氧化碳排放量、空气质量等）、城市环境（水质、城市绿化、城市清洁满意度等）。

[12] 宜居维度包括工作环境（总失业率、人均工作时间等）、生活成本（房屋租金、价格水平等）、安全与保障（自然灾害的经济风险、犯罪情况等）、生活便利性（预期寿命、社会自由平等情况等）等。

附表 9　2017—2023 年宜居韧性领域全球城市榜单上海排名

榜单	上海排名						
	2017 年	2018 年	2019 年	2020 年	2021 年	2022 年	2023 年
全球城市实力指数（GPCI）的环境维度	41	43	48	42	39	34	33
全球城市实力指数（GPCI）的宜居维度	38	30	38	37	37	45	30
可持续城市指数（SCI）[13]	—	76	—	—	—	66	—
全球安全城市指数（SCI）[14]	34	—	32	—	30	—	—

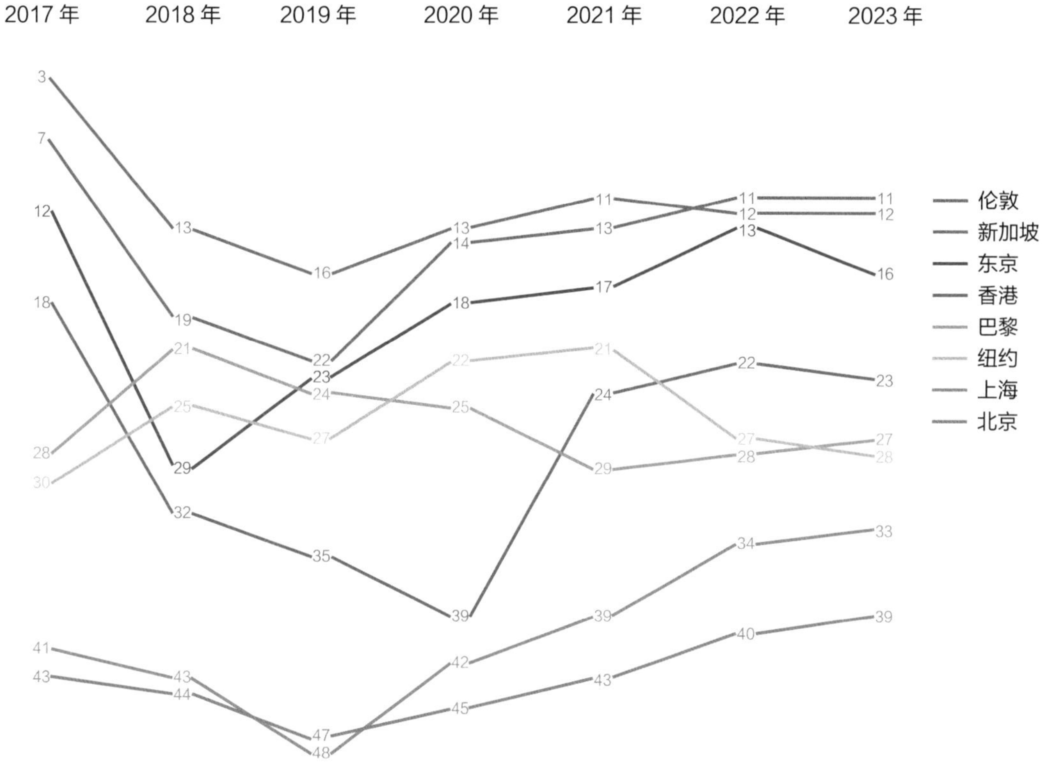

附图 7　2017—2023 年全球城市实力指数（GPCI）环境维度排名比较

（数据来源：2017—2023 年《全球城市实力指数报告》）

[13] 可持续城市指数（SCI）仅公布了 2018、2022 年数据。

[14] 全球安全城市指数（SCI）尚未公布 2023 年排名。

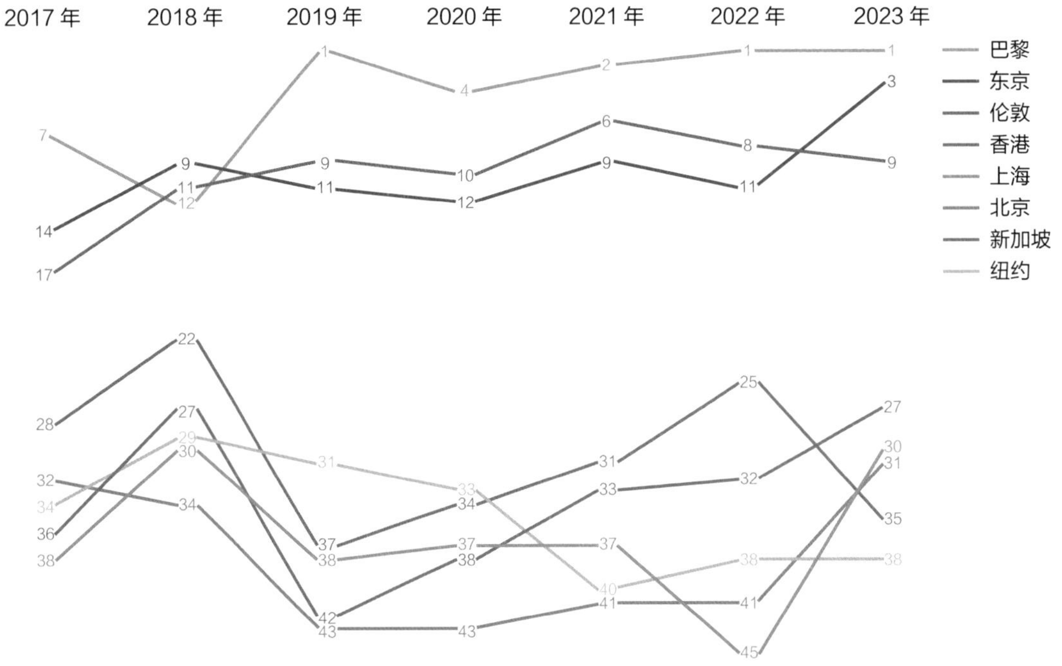

附图 8　2017—2023 年全球城市实力指数（GPCI）宜居性维度排名比较

（数据来源：2017—2023 年《全球城市实力指数报告》）

可持续城市指数（SCI）[15] 从地球（环境）、人（社会）、利润（经济）三个核心方向进行城市排名，2018—2022 年上海从第 76 位升至第 66 位（见附表 10）。

附表 10　2022 年可持续指数（SCI）排名前十的城市和上海排名情况

排序	整体指数	地球（环境）	人（社会）	利润（经济）
1	奥斯陆	奥斯陆	格拉斯哥	西雅图
2	斯德哥尔摩	巴黎	苏黎世	亚特兰大
3	东京	斯德哥尔摩	哥本哈根	波士顿
4	哥本哈根	哥本哈根	首尔	旧金山
5	柏林	柏林	新加坡	匹兹堡
6	伦敦	伦敦	维也纳	坦帕
7	西雅图	东京	东京	达拉斯
8	巴黎	安特卫普	鹿特丹	芝加哥
9	旧金山	苏黎世	马德里	巴尔的摩
10	阿姆斯特丹	鹿特丹	阿姆斯特丹	迈阿密
上海排名	上海（66）	上海（75）	上海（49）	上海（63）

[15] 凯谛思（Arcadis）是总部位于荷兰的自然和建筑资产设计及咨询公司 Arcadis NV 的品牌。凯谛思公司发布的可持续发展城市指数中对城市可持续发展进行了全面和深入的分析，并对全球 100 个城市进行排名。

全球安全城市指数（SCI）中，上海2021年排名第30位，比2019年上升2位，与2015年排名相同（见附图9）。从单项维度得分看，上海在健康安全、设施安全、人身安全等维度表现较好，数据安全、环境安全等维度表现一般。

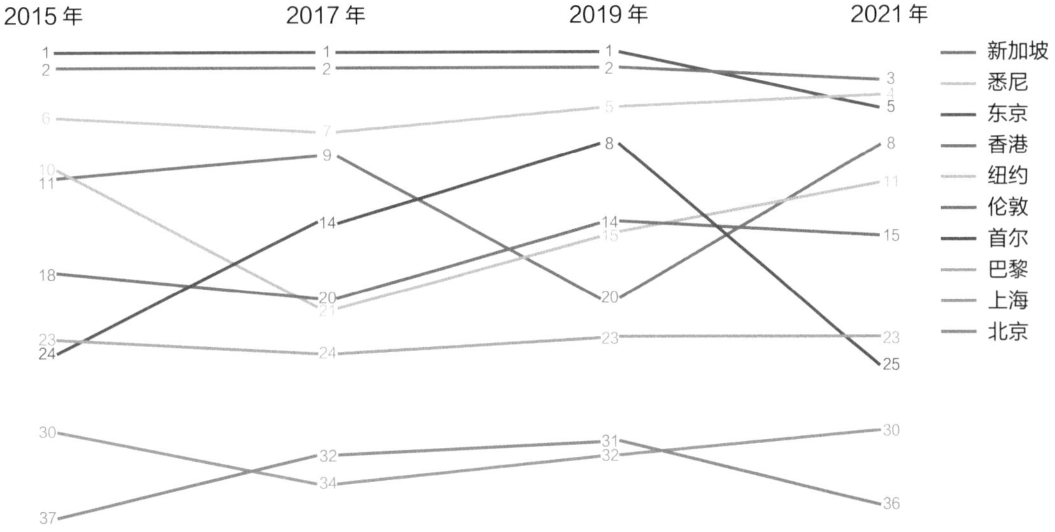

附图9　2015—2021年全球城市安全指数（SCI）部分城市排名

（数据来源：《全球城市安全指数报告》）

图书在版编目（CIP）数据
上海城市发展战略问题规划研究. 2024 / 上海市城市规划设计研究院编著. -- 上海 : 上海科学技术出版社, 2025. 1. -- ISBN 978-7-5478-6955-0
Ⅰ. TU984.251
中国国家版本馆CIP数据核字第2024BX2057号

审图号：GS (2024) 5135 号

上海城市发展战略问题规划研究 2024
上海市城市规划设计研究院　编著

上海世纪出版（集团）有限公司
上 海 科 学 技 术 出 版 社　出版、发行
（上海市闵行区号景路 159 弄 A 座 9F-10F）
邮政编码 201101　www. sstp. cn
山东韵杰文化科技有限公司印刷
开本 787 × 1092　1/16　印张 12
字数 220 千字
2025 年 1 月第 1 版　2025 年 1 月第 1 次印刷
ISBN 978-7-5478-6955-0/TU · 364
定价：120.00 元